Ein Verfahren zur integrierten, prozeßbegleitenden Vorkalkulation für die kostengerechte Konstruktion

Von der Fakultät Konstruktions- und Fertigungstechnik
der Universität Stuttgart
zur Erlangung der Würde eines Doktor-Ingenieurs (Dr.-Ing.)
genehmigte Abhandlung

vorgelegt von

Dipl.-Ing. Joachim Th. Frech
geboren in Geislingen (Steige)

Hauptberichter: Prof. Dr.-Ing. habil. Prof. e. h. Dr. h. c. H.-J. Bullinger
Mitberichter: Prof. Dr.-Ing. Dr. h. c. E. Westkämper

Tag der Einreichung: 15. Oktober 1997
Tag der mündl. Prüfung: 15. Juni 1998

Joachim Th. Frech

Ein Verfahren zur integrierten, prozeßbegleitenden Vorkalkulation für die kostengerechte Konstruktion

Mit 64 Abbildungen

Springer

Dr.-Ing. Joachim Th. Frech
Fraunhofer-Institut für Arbeitswirtschaft und Organisation (IAO), Stuttgart

Prof. Dr.-Ing. Dr. h. c. mult. H. J. Warnecke
o. Professor an der Universität Stuttgart
Präsident der Fraunhofer-Gesellschaft, München

Prof. Dr.-Ing. Dr. h. c. E. Westkämper
o. Professor an der Universität Stuttgart
Fraunhofer-Institut für Produktionstechnik und Automatisierung (IPA), Stuttgart

Prof. Dr.-Ing. habil. Prof. e. h. Dr. h. c. H.-J. Bullinger
o. Professor an der Universität Stuttgart
Fraunhofer-Institut für Arbeitswirtschaft und Organisation (IAO), Stuttgart

D 93

ISBN-13: 978-3-540-65050-8 e-ISBN-13: 978-3-642-47919-9
DOI: 10.1007/ 978-3-642-47919-9

Gesamtherstellung: Copydruck GmbH, Heimsheim
SPIN 10694738 62/3020–5 4 3 2 1 0

Geleitwort der Herausgeber

Über den Erfolg und das Bestehen von Unternehmen in einer marktwirtschaftlichen Ordnung entscheidet letztendlich der Absatzmarkt. Das bedeutet, möglichst frühzeitig absatzmarktorientierte Anforderungen sowie deren Veränderungen zu erkennen und darauf zu reagieren.

Neue Technologien und Werkstoffe ermöglichen neue Produkte und eröffnen neue Märkte. Die neuen Produktions- und Informationstechnologien verwandeln signifikant und nachhaltig unsere industrielle Arbeitswelt. Politische und gesellschaftliche Veränderungen signalisieren und begleiten dabei einen Wertewandel, der auch in unseren Industriebetrieben deutlichen Niederschlag findet.

Die Aufgaben des Produktionsmanagements sind vielfältiger und anspruchsvoller geworden. Die Integration des europäischen Marktes, die Globalisierung vieler Industrien, die zunehmende Innovationsgeschwindigkeit, die Entwicklung zur Freizeitgesellschaft und die übergreifenden ökologischen und sozialen Probleme, zu deren Lösung die Wirtschaft ihren Beitrag leisten muß, erfordern von den Führungskräften erweiterte Perspektiven und Antworten, die über den Fokus traditionellen Produktionsmanagements deutlich hinausgehen.

Neue Formen der Arbeitsorganisation im indirekten und direkten Bereich sind heute schon feste Bestandteile innovativer Unternehmen. Die Entkopplung der Arbeitszeit von der Betriebszeit, integrierte Planungsansätze sowie der Aufbau dezentraler Strukturen sind nur einige der Konzepte, welche die aktuellen Entwicklungsrichtungen kennzeichnen. Erfreulich ist der Trend, immer mehr den Menschen in den Mittelpunkt der Arbeitsgestaltung zu stellen - die traditionell eher technokratisch akzentuierten Ansätze weichen einer stärkeren Human- und Organisationsorientierung. Qualifizierungsprogramme, Training und andere Formen der Mitarbeiterentwicklung gewinnen als Differenzierungsmerkmal und als Zukunftsinvestition in *Human Resources* an strategischer Bedeutung.

Von wissenschaftlicher Seite muß dieses Bemühen durch die Entwicklung von Methoden und Vorgehensweisen zur systematischen Analyse und Verbesserung des Systems Produktionsbetrieb einschließlich der erforderlichen Dienstleistungsfunktionen unterstützt werden. Die Ingenieure sind hier gefordert, in enger Zusammenarbeit mit anderen Disziplinen, z. B. der Informatik, der Wirtschaftswissenschaften und der Arbeitswissenschaft, Lösungen zu erarbeiten, die den veränderten Randbedingungen Rechnung tragen.

Die von den Herausgebern langjährig geleiteten Institute, das

- Institut für Industrielle Fertigung und Fabrikbetrieb der Universität Stuttgart (IFF),
- Institut für Arbeitswissenschaft und Technologiemanagement (IAT),
- Fraunhofer-Institut für Produktionstechnik und Automatisierung (IPA),
- Fraunhofer-Institut für Arbeitswirtschaft und Organisation (IAO)

arbeiten in grundlegender und angewandter Forschung intensiv an den oben aufgezeigten Entwicklungen mit. Die Ausstattung der Labors und die Qualifikation der Mitarbeiter haben bereits in der Vergangenheit zu Forschungsergebnissen geführt, die für die Praxis von großem Wert waren. Zur Umsetzung gewonnener Erkenntnisse wird die Schriftenreihe „IPA-IAO - Forschung und Praxis" herausgegeben. Der vorliegende Band setzt diese Reihe fort. Eine Übersicht über bisher erschienene Titel wird am Schluß dieses Buches gegeben.

Dem Verfasser sei für die geleistete Arbeit gedankt, dem Springer-Verlag für die Aufnahme dieser Schriftenreihe in seine Angebotspalette und der Druckerei für saubere und zügige Ausführung. Möge das Buch von der Fachwelt gut aufgenommen werden.

H. J. Warnecke   E. Westkämper   H.-J. Bullinger

Vorwort

Die vorliegende Dissertation entstand während meiner Tätigkeit als wissenschaftlicher Mitarbeiter am Fraunhofer-Institut für Arbeitswirtschaft und Organisation (IAO), Stuttgart.

Herrn Prof. Dr.-Ing. habil. Prof. e. h. Dr. h. c. H.-J. Bullinger, Leiter des Instituts für Arbeitswissenschaft und Technologiemanagement (IAT) der Universität Stuttgart und des Fraunhofer-Instituts für Arbeitswirtschaft und Organisation danke ich für die wohlwollende Unterstützung der Arbeit. Der gewährte große Freiraum in der Zusammenarbeit mit Projektpartnern war wesentlich für das Ergebnis der Dissertation.

Herrn Prof. Dr.-Ing. Dr. h. c. E. Westkämper, Leiter des Instituts für Industrielle Fertigung und Fabrikbetrieb (IFF) der Universität Stuttgart und des Fraunhofer-Instituts für Produktionstechnik und Automatisierung (IPA) danke ich für die Übernahme des Mitberichts, die eingehende Durchsicht meiner Dissertation und das Interesse an der Arbeit.

Allen Kollegen und wissenschaftlichen Hilfskräften, die in vielfältiger Weise zum Gelingen der Arbeit beigetragen haben, möchte ich ebenfalls sehr herzlich danken. Dieser Dank gilt insbesondere den Herren PD Dr.-Ing. habil. J. Warschat, Dr.-Ing. F. Marcial, Dr.-Ing. K. Thaler, J. Matthes und - last, not least - Herrn M. Zagermann.
Ebenso möchte ich mich bei den Partnern in vielen themenrelevanten Projekten aus Industrie und Forschung bedanken, die zur Themenstellung und zu einzelnen Lösungsansätzen wertvolle Anregungen und Erfahrungen einbrachten.

Besonders bin ich meiner Frau Regina Frech zu Dank verpflichtet, da sie durch ständige Motivation und Verzicht auf gemeinsame Stunden, einen wesentlichen Rückhalt zur Durchführung dieser Arbeit geboten hat.
Entschuldigen muß ich mich bei meinen Töchtern Franziska und Corinna für die vielen Stunden, die ich mit dieser Arbeit statt mit ihnen verbrachte.

Stuttgart, Juni 1998 | Joachim Frech

Inhaltsverzeichnis

0	**Verwendete Abkürzungen und Formelzeichen**	**12**
1	**Einleitung**	**14**
1.1	Kostenproblematik in der Konstruktion	14
1.2	Zielsetzung und Vorgehensweise	18
2	**Stand der Technik zur kostengerechten Konstruktion**	**21**
2.1	Der Begriff der kostengerechten Konstruktion	21
2.2	Konstruktionsmethoden und kostengerechte Konstruktion	24
2.3	Randbedingungen der kostengerechten Konstruktion	27
2.3.1	Betriebliche Kostenrechnung	27
2.3.2	DV-Umgebung der Konstruktion	30
2.4	Bewertungsverfahren zur kostengerechten Konstruktion	32
2.5	Bewertungsverfahren mit dem Schwerpunkt Montagekosten	34
2.5.1	Methoden der Vorgabezeitermittlung für die Montage	34
2.5.2	Qualitative Montagebewertungsverfahren	37
2.5.3	Quantitative Montagebewertungsverfahren	39
2.6	Bewertungsverfahren mit dem Schwerpunkt Teilefertigungskosten	42
2.6.1	Methoden der Vorgabezeitermittlung für die Teilefertigung	42
2.6.2	Qualitative Teilefertigungsbewertungsverfahren	44
2.6.3	Quantitative, statistische Teilefertigungsbewertungsverfahren	44
2.6.4	Quantitative, analytische Teilefertigungsbewertungsverfahren	47
2.7	Bewertung des Stands der Technik	52
3	**Konzeption eines Verfahrens zur integrierten Produktvorkalkulation**	**56**
3.1	Herleitung des Anforderungsprofils	56
3.2	Der Prozeß der kostengerechten Konstruktion mit integrierter Vorkalkulation	58

3.3	Auswahl von Basismethoden zur Kalkulation von Montage-, Teilefertigungs- und Materialkosten	61
3.4	Ergänzung der Basismethoden zum Gesamtverfahren	63
3.5	Anwendungsübersicht des Verfahrens	64
4	**Entwurf der Verfahrensfunktionen**	**67**
4.1	Das objektorientierte Modell des Verfahrens zur integrierten, prozeßbegleitenden Vorkalkulation	67
4.2	Funktionen der Stammdatenmodellierung	71
4.3	Funktionen der Produktstrukturmodellierung	73
4.4	Funktionen der Montagemodellierung	73
4.4.1	Vorgangsbasierte Montagemodellierung	74
4.4.2	Featurebasierte Montagemodellierung	80
4.5	Funktionen zur Kostenkalkulation	81
4.5.1	Abbildung von Zielkosten	81
4.5.2	Kalkulation der Montagekosten	82
4.5.3	Kalkulation der Teilefertigungskosten	82
4.5.4	Kalkulation der Materialkosten	84
4.5.5	Integration von Prozeßkosten zur Gemeinkostenverrechnung	84
5	**Entwurf der Verfahrensobjekte**	**86**
5.1	Gegenstandsmodell	86
5.1.1	Administrationsmodell	86
5.1.2	Anforderungsmodell	88
5.1.3	Strukturmodell	89
5.1.4	Geometriemodell	91
5.1.5	Montageprozeßmodell	93
5.1.6	Kostenmodell	96
5.1.7	Gemeinsame Daten der Gegenstandsteilmodelle	98
5.2	Montage- und Teilefertigungsmodell	99
5.3	Kostenrechnungsmodell	101
5.4	Weitere Objekte für Sonderfunktionen	106
6	**Implementierung des Kosteninformationssystems ASCET zur integrierten, prozeßbegleitenden Vorkalkulation**	**107**

6.1	Software-Basis, Betriebssysteme und Hardware	107
6.1.1	Verwendete Software	107
6.1.2	Betriebssysteme und eingesetzte Hardware	109
6.2	Anwendungsunterstützende Funktionen	109
6.2.1	Wiederholteilsuche	109
6.2.2	Regelwerke zur fertigungs- und montagegerechten Konstruktion	111
6.2.3	Hilfefunktionen, Konstruktionsnotizen und Visualisierung	112
7	**Das Kosteninformationssystem ASCET in der praktischen Anwendung**	**115**
7.1	Anwendungsbeispiel aus der Elektromechanik	115
7.2	Schnittstellen zu CAD	122
7.3	Integration durch Datenbankkopplung	124
7.4	Abschätzung des wirtschaftlichen Nutzens	125
7.5	Vorgehensweise der betrieblichen Einführung	128
7.6	Anwendungserfahrungen und Ausblick	130
8	**Zusammenfassung**	**132**
9	**Literaturverzeichnis**	**134**
10	**Anhang**	**146**
10.1	Begriffe und Definitionen	146
10.2	Charakteristika objektorientierter Systeme, HyperWork	148
10.3	Weitere Bildschirmmasken	151

0 Verwendete Abkürzungen und Formelzeichen

Abkürzung	Einheit	Bedeutung
a		Regressionskoeffizienten
AdMo		Administrationsmodell
AEM		Assemblability Evaluation Method
AnMo		Anforderungsmodell
ASCET		ASsembly-oriented Cost Estimation Tool
AV		Arbeitsvorbereitung
B	mm	Breite
b		Regressionsexponenten
Ba		Basis
BG		Baugruppe
Bk		Benutzerklasse
C		Komplexitätsfaktor für Einzelteile (1 - 4)
CAD		Computer Aided Design
CAM		Computer Aided Manufacturing
CAP		Computer Aided Process Planning
CAQ		Computer Aided Quality
cm		Zentimeter
CSE		Concurrent Simultaneous Engineering
D	mm	Durchmesser
d	mm	Entfernung (im Arbeitsplatzlayout)
DB		Data Base (Datenbank)
DF		Druckfaktor
DFA		Design for Assembly
DFM		Design for Manufacturing
DIN		Deutsches Institut für Normung
DM		Deutsche Mark
DSS		DrehStromSchütz
DV		Datenverarbeitung
DXF		Drawing Interchange File (Schnittstellenformat für CAD-Systeme)
EDMS		Engineering Data Managment System
EM		Einzel-Montage
EMK	DM	Einzel-Montage-Kosten
ET		Einzelteil
EV		Einzelvorgang
F		Feature
FEM		Finite-Elemente-Methode
FGK	DM	Fertigungs-Gemein-Kosten
FK	DM	Fertigungskosten
FL		Featureliste
FLK	DM	Fertigungs-Lohn-Kosten
FT		Fügeteil
GK	DM	Gemeinkosten
GM		Gesamt-Montage
GMK	DM	Gesamt-Montage-Kosten
GMo		Geometrie-Modell
GsMo		Gegenstands-Modell
H	mm	Höhe
h		Stunde
HK	DM	Herstellkosten
HM		Hilfsmittel
HPGL		Hewlett-Packard Grafics Language (Ausgabeformat für Plotter)
i		Zählvariable
j		Zählvariable
k		Hierarchiestufe
kg		Kilogramm
Kl		Klasse
KMo		Kostenmodell
KRMo		Kostenrechnungsmodell
kW		Kilowatt
L	mm	Länge
l		Anzahl Montageaktionen eines Montagevorgangs
LK	DM	Lohnkosten
LKm	DM	Lohnkosten für Montage
LKt	DM	Lohnkosten für Teilefertigung
m	kg	Masse
MA		Montageaktion
MaEK	DM	Material-Einzel-Kosten
MaGK	DM	Materialgemeinkosten
MaK	DM	Materialkosten
MAn		Montageanlage
MF		Montagefeature

MFMo		Montage- und Teilefertigungsmodell
MK	DM	Montagekosten
mm		Millimeter
MP		Montageprozeß
MPl		Montageplatz
MPMo		Montageprozeßmodell
MPr		Montageprotokoll
MTM		Methods Time Measurement
MTM-UAS		MTM-Universelles Analysiersystem
MV		Montagevorgang
n		Anzahl
OODB		Object-Oriented Data-Base
OODBMS		Object-Oriented Data-Base Management System
P		Produkt
PK	DM	Prozeßkosten
pk	DM	Prozeßkostensatz
PKl		Passungsklasse
pks	DM/h	Platzkostensatz
PMo		Produktmodell
PPS		Produktions-Planungs- und Steuerungs-System
ρ	kg/dm^3	Dichte (eines Werkstoffs)
RGK	DM	Restgemeinkosten
rgks		Restgemeinkostensatz
RP		Rapid Prototyping
S		Stückzahl (für Konstruktion relevante Planzahl)
s		Sekunde
SE		Simultaneous Engineering
SEKF	DM	Sonder-Einzel-Kosten der Fertigung
SF		Sichtfaktor
SK	DM	Selbstkosten
SML		Sachmerkmalleiste
SMo		Strukturmodell
STEP		Standard for the Exchange of Product Model Data
SvZ		Systeme vorbestimmter Zeiten
t	s	Zeit
t_{fix}	s	Festzeit (für Montagevorgänge)
t_{GM}	s	Gesamtmontagezeit
t_M	s	Montagezeit
TMU		Time Measurement Unit (von MTM benutzt)
UAS		Universelles Analysiersystem
V	cm^3	Volumen
VDI		Verein Deutscher Ingenieure
VGK		Vertriebsgemeinkosten
VH	cm^3	Volumen des Hüllkörpers
VN		Verwendungsnachweis (für Einzelteile und Baugruppen)
VP	DM	Verkaufspreis
VwGK		Verwaltungsgemeinkosten
WS		Werkstoff
wsk	DM/kg	spezifische Werkstoffkosten
WV		Wiederholvorgang
ZK		Zielkosten
z_t	%	Zuschlagsatz auf MTM-UAS für Verteil- und Erholungszeit

Begriffe, die bei ihrem ersten Auftreten *kursiv* geschrieben sind, werden im Anhang 10.1 erläutert.

1 Einleitung

1.1 Kostenproblematik in der Konstruktion

Der Wettbewerb für produzierende Unternehmen ist durch die Globalisierung der Märkte härter als jemals zuvor. In vielen Aspekten der industriellen Wertschöpfung werden von den Betrieben deutliche Verbesserungen gefordert. Zeiten, *Kosten* und Qualität sind in allen Bereichen der Unternehmen zu optimieren /Bul93/.

Die Aufgabe von Entwicklung und *Konstruktion* ist es, Produktideen mit den dazugehörenden Anforderungen des Marktes in Produkte umzusetzen. Dabei sind eine Vielzahl von Randbedingungen zu berücksichtigen, die sich primär aus den Kundenanforderungen ergeben /Wes96/. Funktionalität, Qualität, Design, Wartung und Kosten sind nur einige, die in der Konstruktion in Vorgaben für *Fertigung*, *Montage* und andere Unternehmensbereiche umgesetzt werden /Ehr95/.
Mit der Definition des Produkts werden die grundsätzlichen Produkteigenschaften, einschließlich der Produktkosten, zu wesentlichen Anteilen schon geprägt. Die Konstruktion beeinflußt maßgeblich die Produkt-Gesamtkosten und damit auch die gesamten *Herstellkosten* /VDI2235/. Nach einer detaillierten Auswertung von Wertanalysen /Ehr80a/ verantwortet die Konstruktion ca. 70% der Produktkosten, verursacht dagegen durch die Konstruktionsabteilung nur ca. 6% der Produktkosten (Bild 1). Eine wirksame Reduktion der Produktkosten muß daher bei der Konstruktion ansetzen.

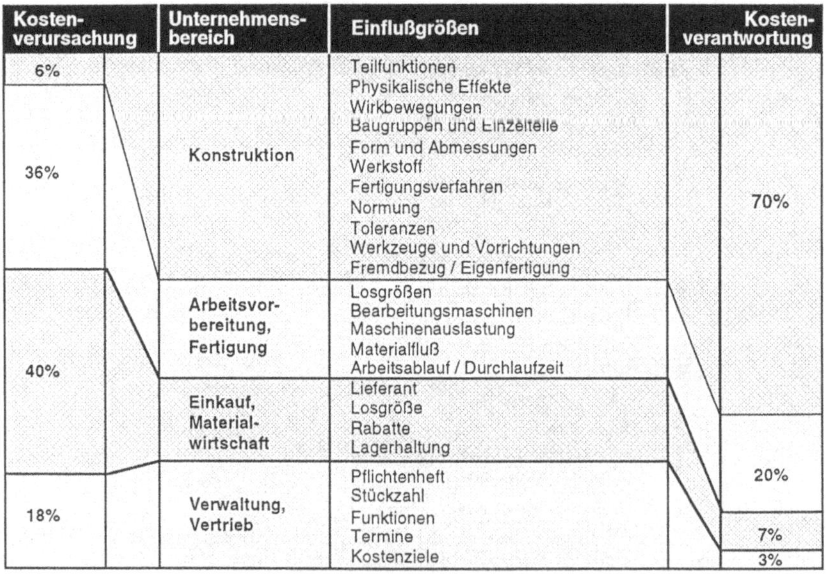

Bild 1: Kostenverantwortung und -verursachung (nach /GIS94/)

So wie die Konstruktion innerhalb des gesamten Produktentstehungsprozesses als definierende frühe Phase weitreichenden Einfluß hat, so wird auch innerhalb des Konstruktionsprozesses in den frühen Phasen entscheidender Einfluß auf die Produktkosten genommen. In der Konzeption sind die durch die Konstruktion beeinflußbaren Kosten noch hoch, in der Ausarbeitung dagegen nur noch gering /Ehr95/. Im Verlauf der Produktentwicklung steigt der Umfang der vorhandenen Information, detailliertere Kostenschätzungen und *Vorkalkulationen* werden möglich und die Unsicherheit einer Vorkalkulation sinkt (Bild 2). Somit kann eine genaue Kalkulation erst erfolgen, wenn die Konstruktion schon weitgehend abgeschlossen ist /Ehr95/. Diese Situation kann als das Kostendilemma der Konstruktion bezeichnet werden /Boc95/.

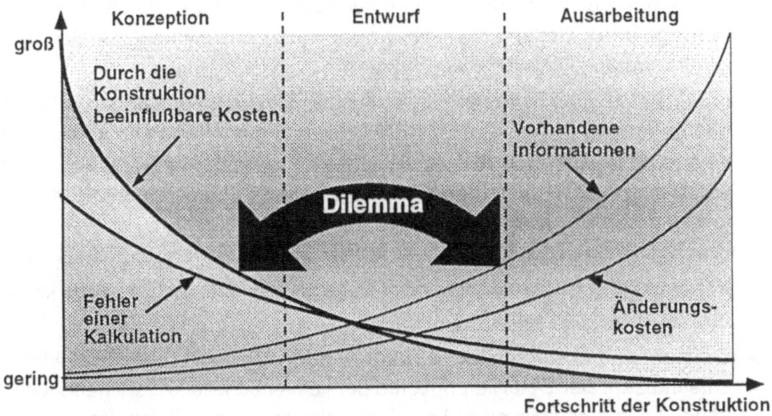

Bild 2: Das Dilemma der Vorkalkulation in der Konstruktion (nach /Ehr95/)

Der Kostenverantwortung der Konstruktion wird dadurch entsprochen, daß möglichst während des Konstruktionsprozesses eine Bewertung des aktuellen Wissensstandes erfolgt, die gegebenenfalls zu Modifikationen führt. Dabei müssen sowohl bei der Neuentwicklung als auch bei der Weiterentwicklung bestehender Konstruktionen technische und wirtschaftliche Kriterien berücksichtigt werden. Das richtige Bewerten einer Konstruktion unter technischen und wirtschaftlichen Kriterien kann problematisch sein /VDI2212/. Die technischen Kriterien können meist einfach bewertet werden, da sie von der Konstruktion direkt beeinflußt werden und Ausgangspunkt der technischen Lösung sind. Die wirtschaftliche Bewertung ist dagegen durch die Mittelbarkeit des Kostenkriteriums und die weitgehend in anderen Organisationseinheiten liegende Kostenverursachung in vielen Fällen problematisch.

Außerhalb der Betrachtung bleiben bei der technisch-wirtschaftlichen Bewertung nach VDI2225 wesentliche Gemeinkosten eines Unternehmes, obwohl mit den Entscheidungen in den frühen Produktentstehungsphasen längerfristig auch bedeutender Einfluß auf diese Gemeinkosten im Unternehmen ausgeübt wird /Ste95/. Die meist ungelösten Probleme der Standardisierung und Variantenvielfalt verdeutlichen die Schwierigkeit, den Kosteneinfluß der Konstruktion auf die nicht unmittelbar an der *Herstellung* von Produkten beteiligten Bereiche zu quantifizieren und entsprechende konstruktive Maßnahmen abzuleiten.

Doch nicht nur die Problematik der wirtschaftlichen Bewertung und der Verantwortung von Gemeinkosten haben bisher zu keiner zufriedenstellenden Lösung für den Bereich der kostengerechten Konstruktion geführt. Weitere Probleme der Realisierung einer kostengerechten Konstruktion sind:

- Zur Vorkalkulation der Kosten ist umfangreiches Wissen auch aus anderen Bereichen eines Unternehmens notwendig, das aus vielfältigen Gründen (Verfügbarkeit, Umfang, Aufwand) nicht immer ausreichend zur Verfügung gestellt werden kann /SES93, Ehr95/.
- In deutschen Unternehmen gibt es eine traditionelle Trennung von Technik und Betriebswirtschaft. Doch es gibt keine rein technischen Entscheidungen beim *Konstruieren*, so daß eine intensive Zusammenarbeit zwischen Entwicklern und Konstrukteuren mit Controllern, Kostenrechnern und Kalkulatoren erforderlich ist /EvK96, Ehr95/.
- In vielen Betrieben sind Kosten von Wiederhol- und Zukaufteilen in der Konstruktion nicht bekannt. Ohne diese Daten kann jedoch nicht kostengünstig konstruiert werden /Ehr95/.
- Die etablierte Kostenrechnung verfolgt andere Ziele als die Konstruktion zu unterstützen. Der Detaillierungsgrad der konventionellen Kostenrechnung ist daher für die spezifischen Analysezwecke der Konstruktion unzureichend. Die konstruktionsbegleitende Kalkulation kann jedoch nur eingesetzt werden, wenn geeignete Kostenrechnungsverfahren vorhanden sind /SES93, Ehr95/.
- Maßnahmen zur kostengerechten Konstruktion sind ein direkter Mehraufwand für die Konstruktion, die Vorteile fallen dagegen in anderen Bereichen und mit Zeitverzug an /Ehr87/.
- Die detaillierten Regeln der kostengerechten Konstruktion ändern sich mit den Fertigungsbedingungen im Lauf der Zeit, so daß eine ständige Aktualisierung notwendig ist /Ehr80b/.
- Produktkosten sind betriebs- und situationsabhängig, daher weisen Kostendaten überbetrieblich erhebliche Streuungen auf. Vergleiche sind vorsichtig zu handhaben, Werkzeuge und Verfahren müssen angepaßt werden /Ehr80b, Ehr95/.

Kosten sind bei einer breiteren Betrachtung der Aufgaben des Managements von Entwicklung und Konstruktion nur ein Aspekt mit relativ hohem Stellenwert, der in der Umsetzung gegen andere Problembereiche gewichtet werden muß (Bild 3).

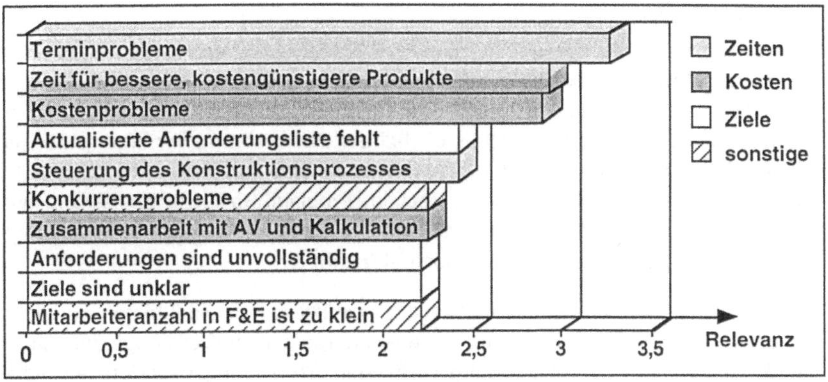

Bild 3: Probleme in Entwicklung und Konstruktion (nach /Ehr93/)

Der Handlungsbedarf zu einer besseren Unterstützung der kostengünstigen Konstruktion ist bekannt und war Gegenstand unterschiedlicher, grundlegender Arbeiten /Ehr 85, Lin80, Rad82, TMP81/, Normen /DIN32990, DIN 32992, DIN69910/ und Richtlinien /VDI2225, VDI2235/. Die wichtigsten der daraus entstandenen Methoden und Hilfsmittel sind in Bild 4 mit den wesentlichen kostenrelevanten Entscheidungsfeldern entlang des Konstruktionsprozesses dargestellt.

Konstruktionsphase (allgemeine Ergebnisse)	Kostenrelevante Entscheidungsfelder	Kostenorientierte Methoden und Hilfsmittel
Planung Anforderungsliste	Zielkosten	Konkurrenz-, Wirtschaftlichkeits- und Marktanalysen
Konzeption Funktionsstruktur Lösungsprinzipien Lösungskonzept	Funktionskosten Grundlegende Werkstoffauswahl Wiederverwendung von Modulen	Wertgestaltung Bewertungsverfahren ABC-Analysen Regeln Kostenschätzung im Team Relativkosten
Entwurf Modulare Struktur Vorentwurf Gesamtentwurf	Montageverfahren Differential-/Integralbauweise Montagevorgänge Wiederverwendung von Teilen Teilegeometrie Teilefertigungsverfahren Optimierte Werkstoffauswahl	Datenspeicher für Kosten Wiederhol- und Normteilkataloge Ähnlichkeitsgesetze Kurzkalkulationsformeln Grenzstückzahlen Technisch-wirtschaftliche Bewertung Wirtschaftlichkeitsrechnung für Sonderbetriebsmittel Gut-/Schlecht-Beispiele
Ausarbeitung Produktdokumentation	Toleranzen Oberflächen	Verfahrensvergleiche

Bild 4 Der Konstruktionsprozeß nach VDI 2222 unter Kostengesichtspunkten

Die Unzulänglichkeiten der bekannten, rein organisatorischen Lösungsansätze mit dem Einsatz von Wertgestaltung oder Konstruktionsberatern zeigen sich darin, daß Produktkosten immer noch ein zentrales Problem der Konstruktion sind. Mit diesen Ansätzen lassen sich bei entsprechender Durchführung zwar die gewünschten Effekte bei den Produktkosten erzielen, die bei der Durchführung der organisatorischen Maßnahmen anfallenden Kosten oder die notwendige kurzfristige Verfügbarkeit von Personal ist jedoch oft ein kaum zu lösendes Problem. So ist der Einsatz geeigneter DV-Systeme vor allem für kleine und mittelständische Unternehmen unumgänglich, da die Personalsituation meist schwierig ist /SchB96/.

Aber auch die bereits verfügbaren rechnergestützten Hilfsmittel bieten nur unzureichende Lösungen. So sind bisher keine rechnergestützen Werkzeuge zur schnellen und qualitativen Kostenbewertung vorhanden /Izu91/. Insbesondere im Arbeitsmedium des Konstrukteurs, dem CAD-System, sind keine nennenswerten Funktionalitäten zur Bewertung der Kosten eines *Produkts*, einer *Baugruppe* oder eines *Einzelteils* enthalten /Abl90, Rol95, ISIS96/. Die Vision von Ehrlenspiel, der auf Dauer die zeit- und kostenintensive Teamarbeit durch integrierte Kosteninformationssysteme abgelöst sieht, so daß der Konstrukteur direkt am Bildschirm unmittelbar beim Konstruieren kostensenkende Maßnahmen vorgeschlagen bekommt und auch die Kosten kalkulieren kann, bleibt daher weiterhin unerfüllt /Ehr85b/.

1.2 Zielsetzung und Vorgehensweise

Diese Arbeit konzentriert sich auf die Produktentwicklung sowie -herstellung und die dabei verursachten Kosten, da diese den Verkaufspreis wesentlich bestimmen. Nicht direkt betrachtet werden dagegen weitere Kosten, die während der Nutzungszeit eines Produkts anfallen, wie Kosten für Transport, Aufstellung, Energie, Betriebsstoffe, Bedienung, Wartung, Instandsetzung oder Recycling. Diese Kosten können über die Lebenszeit eines Produkts die Beschaffungskosten zwar um ein Vielfaches übersteigen, werden jedoch als Spezifikation in ein Pflichtenheft aufgenommen, indem z. B. maximale Energieverbräuche oder notwendiger Bedienungsaufwand definiert werden. Diese Kosten gehen als Randbedingungen in die Konstruktion ein, so daß sich der Konstrukteur unter Kostengesichtspunkten auf die Ermittlung der *Selbstkosten* eines Produkts konzentrieren kann.

Ziel dieser Arbeit ist daher die Entwicklung eines Verfahrens, das eine in den Konstruktionsprozeß integrierte wirtschaftliche Bewertung durch die Bereitstellung von bedarfsangemessenen Methoden zur Kostenvorkalkulation unterstützt. Die Vorkalkulation der Selbstkosten mit den wesentlichen Kostenblöcken für Montage, Teilefertigung und Material soll dabei eine Bewertung der Kosten in den Konstruktionsphasen Konzeption bis Ausarbeitung ermöglichen. Dabei wird die Kenntnis von Produktstrukturen vorausgesetzt, da mit Produktstrukturen als Grundlage ein wesentlich höherer Konkretisierungsgrad von Produkt und Kostenschätzung erzielt werden kann als auf der Basis von *Funktionskosten*.

Das Verfahren wird am Beispiel des Produktbereichs "mechanische und elektromechanische Produkte geringer und mittlerer Größe in Serien- und Massenfertigung" entwickelt und detailliert. Das zugrundeliegende Konzept ist jedoch innerhalb der Serien- und Massenfertigung generell anwendbar und kann auf andere Produktspektren übertragen werden.

Bei der Entwicklung des Verfahrens wird zunächst zum Stand der Technik der kostengerechten Konstruktion der Begriff, verschiedene Konstruktionsmethoden und die Randbedingungen der kostengerechten Konstruktion analysiert (Bild 5). Die Bewertungsverfahren zur kostengerechten Konstruktion werden analysiert und deren Nachteile zusammengefaßt.

Die Konzeption des Verfahrens zur integrierten, prozeßbegleitenden Vorkalkulation basiert auf einem Anforderungsprofil, das sich aus dem Prozeß der kostengerechten Konstruktion sowie den Schwächen der bekannten Methoden und Verfahren ergibt. Aufgrund dieser Anforderungen werden zunächst die Basismethoden des Verfahrens ausgewählt und deren Einsatzcharakteristika erarbeitet. Diese Basismethoden werden aufeinander abgestimmt und in das Gesamtverfahren integriert, so daß für die kostenrelevanten Entscheidungsfelder in jeder Konstruktionsphase anforderungsgerechte Hilfsmittel zur Verfügung stehen. Diese Verfahrensgrundlage wird zur Abrundung des Verfahrens und zur Umsetzung in ein Kosteninformationssystem um weitere Methoden zum Gesamtverfahren ergänzt.

Die Ausgestaltung des Verfahrens erfolgt nach objektorientierten Prinzipien zunächst durch den Entwurf der Verfahrensfunktionen. Dabei haben die Funktionen zur Stammdaten-, Produktstruktur- und Montagemodellierung zentrale Bedeutung. Sie werden durch die Funktionen zur Kalkulation von Montage-, Teilefertigungs- und Materialkosten ergänzt und durch die Integration von Prozeßkosten zur Gemeinkostenverrechnung von einer Herstellkostenkalkulation zur Selbstkostenkalkulation erweitert.

Auf Basis der erarbeiteten detaillierten Verfahrensfunktionen erfolgt der Entwurf der Verfahrensobjekte. Der Schwerpunkt der Modellierung liegt auf dem Gegenstandsmodell, das zur Übersicht in mehrere logische Teilmodelle aufgespalten wird. Die Abbildung der Fertigungsumgebung erfolgt im Montage- und Teilefertigungsmodell, ein Kostenrechnungsmodell beinhaltet die Methoden und Verfahren zur Kalkulation.

Die zur Implementierung des Kosteninformationssystems eingesetzte Hard- und Software wird vorgestellt, und einige durch die Software-Spezifika besonders unterstützte Funktionen des Kosteninformationssystems werden aufgezeigt.
Ein Anwendungsbeispiel zur Analyse und Optimierung eines elektromechanischen Produkts demonstriert die Funktionalität des realisierten Kosteninformationssystems. Weitere Aspekte der praktischen Anwendung werden erläutert und fließen in die Anwendungserfahrungen und einen Ausblick ein.

Bild 5: Vorgehensweise im Rahmen der Arbeit

2 Stand der Technik zur kostengerechten Konstruktion

Zur Klärung des Stands der Technik zur kostengerechten Konstruktion wird in diesem Teil zunächst der Begriff der kostengerechten Konstruktion diskutiert sowie verschiedene Konstruktionsmethoden und deren Kostenverständnis analysiert. Die Randbedingungen der kostengerechten Konstruktion werden unter den Aspekten Kostenrechnung und DV-Umgebung aufgenommen. Die Probleme von Produktbewertungen in der Konstruktion werden für qualitative und quantitative Bewertungsverfahren für Montage- und Teile-*Fertigungskosten* untersucht. Abschließend wird der Stand der Technik zusammengefaßt und bewertet.

2.1 Der Begriff der kostengerechten Konstruktion

Der Begriff der kostengerechten Konstruktion und ähnliche Begriffe, die die Kostenverantwortung des Konstrukteurs beschreiben, werden von vielen Autoren verwendet, sind jedoch nicht einheitlich definiert.

Ehrlenspiel fordert in /Ehr85a/ vom Konstrukteur ein Minimum der bis zum Nutzungsende entstehenden Kosten. Dieses Kostenverständnis für die Konstruktion umfaßt die Selbstkosten und alle Kosten des Produktbenutzers bis zum Produktlebensende. In /Ehr85a/ werden zur Umsetzung dieser Kostenverantwortung umfassend Methoden und Verfahren dokumentiert, die sich jedoch im Einzelfall auf die Herstellkosten beschränken. Innerhalb der Herstellkosten wird der Betrachtungsschwerpunkt auf Teilefertigungskosten gelegt, für die eine Vielzahl von Vorkalkulationsschemata vorgestellt werden. Darüber hinaus werden Gemeinkosten berücksichtigt. Zur kostengünstigen Montage werden Gestaltungsregeln aufgeführt, Möglichkeiten der Vorkalkulation der Montage werden nicht aufgezeigt.

Pahl und Beitz beschäftigen sich in /PaB86/ nur mit den Herstellkosten eines Produkts. Diese werden nach Material- und Fertigungskosten sowie Sondereinzelkosten differenziert. Grundlegende allgemeine und detaillierte Kalkulationsverfahren für die Teilefertigung und Montage werden aufgeführt.

Kostenreduzierendes Konstruieren bedeutet für Koller /Kol85/ ein technisches Produkt genügend funktionsfähig, zuverlässig und so zu gestalten, daß es mit einem wirtschaftlich vertretbaren Aufwand herstellbar ist. Diese Herstellkosten eines bestimmten Produkts zu senken, heißt im einzelnen das Reduzieren der Fertigungs-, Montage- und Materialkosten. Für jeden dieser Kostenblöcke gibt er Richtlinien zur kostenreduzierenden Gestaltung und graphische Gut-/Schlecht-Beispiele. Er unterscheidet dabei nach der Reduktion und der Auswahl kostengünstigerer Alternativen von Fertigung, Montage und Material.

Rodenacker /Rod76/ verweist in seiner Konstruktionsmethodik auf die umfangreiche Literatur zum Thema Kosten, sonst gibt er keine weiteren Hinweise.

Gerhard definiert in /Ger94/ kostengerechtes Gestalten als normgerecht, testgerecht, kontrollgerecht, toleranzgerecht, transportgerecht, servicegerecht, instandhaltungsgerecht, marktgerecht, folgekostengerecht etc.. Darüber hinaus ist für ihn kostenbewußtes Entwickeln und Konstruieren mehr als nur das Gestalten nach diesen Anforderungen. Es beinhaltet ein effektives, methodisches und damit kostenoptimales Vorgehen ebenso wie betriebswirtschaftliches Denken - von der Aufgabenpräzisierung an über die Gestaltung und Fertigung bis zur Betreuung des Produkts beim Kunden.

In /VDI2225/ werden zum technisch-wirtschaftlichen Konstruieren ausschließlich die Herstellkosten eines Erzeugnisses betrachtet. Die wirtschaftlichen Vorteile, die sich bei der Verwendung von Erzeugnissen ergeben, sind - soweit möglich - durch die technische Bewertung zu erfassen. Die Herstellkosten gliedern sich dabei in Material-, Lohn- und Fertigungsgemeinkosten. Für die Vorkalkulation von Material- und *Lohnkosten* werden verschiedene Methoden und Verfahren angegeben.
In /VDI2235/ wird der Einfluß der Konstruktion auf die Produkt-Gesamtkosten erläutert; die Beispiele zum wirtschaftlichen Konstruieren beschränken sich jedoch auf herstellkostengünstige Lösungen.

Ein Vergleich des Verständnisses der kostengerechten Konstruktion der Autoren zeigt auf, daß die Herstellkosten im Rahmen der kostengerechten Konstruktion immer zu berücksichtigen sind, die weiteren Kostenblöcke jedoch nicht allgemein als relevant für die Konstruktion betrachtet werden (Bild 6). Es fällt auf, daß die *Teilefertigungskosten* und *Materialkosten* sehr detailliert betrachtet werden, für *Montagekosten* von den Autoren jedoch keine Kalkulationsmethoden aufgezeigt werden.

(schraffiertes Feld) Teil der kostengerechten Konstruktion, nach Auffassung von ...	Selbstkosten						
	Herstellkosten						
	Teilefertigungskosten	Montagekosten	Materialkosten	Entwicklungs- und Konstruktionskosten	Verwaltungs- und Vertriebsgemeinkosten	Sondereinzelkosten des Vertriebs	Kosten der Produktnutzung
Ehrlenspiel	B, K, R	R	B, K, R	Ra	N		
Pahl/Beitz	K (R, B)	(B, R)	K				
Koller	B, R	B, R	B, R				
Gebhard	B, K, R		B, K, R				
Rodenacker	Keine Aussage						
VDI 2225	B, K, R	R	B, K, R				
VDI 2235	mH		mH				
In der Quelle werden folgende Erläuterungen gegeben ...	B Beispiele K Kalkulationsmethoden N Hinweis auf Normung R Richtlinien		mH methodische Hinweise Ra Grundzüge der Rationalisierung ( ) zu teilefertigungs- bzw. montagegerechter Konstruktion				

Bild 6: Definitionen der kostengerechten Konstruktion und ihre Erläuterungen

Im folgenden wird unter kostengerechter Konstruktion eine Konstruktionsmethodik verstanden, die die Selbstkosten eines Produkts minimiert, die von der Konstruktion zu beeinflussen sind. Dazu gehören außer den Herstellkosten auch die Entwicklungs- und Konstruktionskosten sowie die Verwaltungs- und Vertriebsgemeinkosten, nicht jedoch die Sondereinzelkosten des Vertriebs, da diese nicht durch die Konstruktion zu beeinflussen sind.

Der Schwerpunkt der kostengerechten Konstruktion liegt auch bei diesem erweiterten Verständnis bei den wesentlichen Kostenblöcken der Herstellkosten, den Teilefertigungs-, Montage- und Materialkosten, die zusammen ca. 97% der Herstellkosten und ca. 73% der Selbstkosten ausmachen (Werte aus /NN92/). Die Gemeinkosten von Entwicklung, Konstruktion, Vertrieb und Verwaltung sind dagegen von untergeordneter Bedeutung, sollten jedoch angemessen berücksichtigt werden, da die Konstruktion auch auf diese Kosten, z. B. durch die Teilevielfalt, Einfluß hat.
Die kostengerechte Konstruktion ist dabei auf die variablen Kosten fokussiert. Es kann jedoch nicht vernachlässigt werden, daß die Konstruktion langfristig auch wesentlichen Einfluß auf die sogenannten "fixen" Kosten hat und daher auch diese in entsprechendem Umfang berücksichtigen sollte (z. B. wenn die Produktkonstruktion die Modifikation oder Beschaffung von Fertigungsanlagen verursacht).

Durch diese Schwerpunktbildung der kostengerechten Konstruktion auf Teilefertigungs- und Montagekosten ist eine Nähe zur fertigungs- und montagegerechten Konstruktion gegeben. Obwohl auch für diese Begriffe keine einheitliche Definition vorliegt, sind diese Begriffsfassungen so formuliert, daß ein direkter Kostenbezug vorhanden ist. Koller /Kol85/ definiert ein fertigungs- und montagegerechtes Produkt als Produkt, das eine technische Aufgabe hinreichend erfüllt und mit einem Minimum an Kosten hergestellt werden kann. Für Pahl/Beitz /PaB86/ strebt fertigungsgerechtes Gestalten eine Minimierung der Fertigungskosten und -zeiten sowie eine anforderungsgerechte Einhaltung fertigungsabhängiger Qualitätsmerkmale an. Weitere Arbeiten /Bäß88, Bra89, Feld92, Rot91/ entsprechen diesem Verständnis.

Vor diesem Hintergrund lassen sich fertigungs- und montagegerechte Konstruktion von der kostengerechten nach folgenden Grundsätzen unterscheiden (Bild 7):
Die kostengerechte Konstruktion berücksichtigt die für die Selbstkosten eines Produkts relevanten Aspekte inklusive seiner Entwicklung und Herstellung, beinhaltet also auch Teilefertigung und Montage. Durch diese ganzheitliche Sichtweise können Interdependenzen von Teilefertigung und Montage sowie Modifikationen der Produktstruktur unter Kostengesichtspunkten analysiert werden. Durch diese ganzheitliche Sicht verlieren die Details für die Gesamtbewertung an relativer Bedeutung.
Bei der fertigungs- und montagegerechten Konstruktion liegen die Schwerpunkte der Betrachtung jeweils auf der Fertigung bzw. der Montage, die Interdependenzen von Fertigung und Montage werden nicht berücksichtig. Die Produktstruktur wird in der Regel als feststehend betrachtet. Sie wird auch in der montagegerechten Konstruk-

tion nur selten modifiziert. Der Detaillierungsgrad der Analysen zur fertigungs- und montagegerechten Konstruktion ist durch die Fokussierung üblicherweise erheblich höher als bei der kostengerechten Konstruktion.

Bild 7: Abgrenzung der kostengerechten Konstruktion

2.2 Konstruktionsmethoden und kostengerechte Konstruktion

Konstruktionsmethoden berücksichtigen die Anforderungen der kostengerechten Konstruktion in verschiedener Weise und mit unterschiedlichen Ansätzen.

Die **sequentielle Konstruktion** ist eine Konstruktionsmethode, die die im Konstruktionsprozeß notwendigen Schritte inhaltlich und zeitlich strukturiert. Die dabei von den Autoren /PaB86, Rod76, Kol76, Ehr85a/ individuell entwickelten Vorgehensweisen sind nahezu identisch, sie unterscheiden sich hauptsächlich in der Terminologie und der Zusammenfassung einzelner Teilprozesse. Eine vielfach verwendete Vorgehensweise ist in /VDI2221/ und /VDI2222/ dargestellt. Die vier Phasen Planen, Konzipieren, Entwerfen und Ausarbeiten werden dabei sequentiell durchlaufen.
Kennzeichnend für die sequentielle Konstruktion ist die Abgeschlossenheit der aufeinanderfolgenden Arbeitsschritte. Dabei werden die einzelnen Phasen mit der Dokumentation der Ergebnisse abgeschlossen, auf der die weiteren Arbeiten der nachfolgenden Phasen aufbauen. Diese Vorgehensweise beruht auf dem Grundsatz, daß eine Aufgabenteilung unter Spezialisten den Gesamtaufwand eines Entwicklungsprozesses minimiert.

In der Konstruktionsmethodik nach VDI 2222 wird eine grundlegende Vorgehensweise des Konstruktionsprozesses aufgezeigt. Sie enthält an mehreren Stellen die Arbeitsschritte "Bewertung" bzw. "Auswahl" (Bild 8). Kosten sind dabei nur eine unter vielen Anforderungen an ein Produkt, die berücksichtigt werden müssen. Bei jedem dieser Bewertungsschritte ist auch der Kostenaspekt zu berücksichtigen, so daß in den Konstruktionsphasen zwei bis vier Bedarf an Methoden, Verfahren und Software-Programmen zur entwicklungsbegleitenden Kalkulation durch die Konstruktion besteht. Die konventionelle Vorkalkulation durch die Arbeitsvorbereitung steht während der Konstruktion meist nicht zur Verfügung.

		Bewertung	*Auswahl*
1.	**Planungsphase**		
1.1	Bedarf erkennen		
1.2	Aufgabenstellung klären		
1.3	Anforderungsliste erstellen		
1.4	Freigabe zum Konzipieren		
2.	**Konzeptphase**		
2.1	Funktion analysieren		
2.2	Funktionsstruktur aufstellen		
2.3	Funktionsstruktur variieren		
2.4	Lösungsprinzipien für jede Teilfunktion ermitteln		
2.5	Lösungsprinzipien auswählen	●	●
2.6	Lösungsvarianten bilden		
2.7	Konzeptvarianten erstellen		
2.8	Konzeptvarianten bewerten und auswählen	●	●
3.	**Entwurfsphase**		
3.1	Grobgestalten der gestaltungsbestimmenden Hauptfunktionsträger		
3.2	Grobgestalten der restlichen Hauptfunktionsträger		
3.3	Auswählen geeigneter Teilentwürfe	●	●
3.4	Feingestalten der Haupt- und Nebenfunktionsträger		
3.5	Kontrollieren und Verbessern der Entwürfe	●	◐
3.6	Kontrolle auf Fehler und Störgrößeneinfluß		
3.7	Kostendeckung überprüfen		
3.8	Vervollständigung des Entwurfs		
3.9	Festlegen des Entwurfs		
4.	**Ausarbeitungsphase**		
4.1	Detaillieren		
4.2	Vorschriften ausarbeiten		
4.3	Prüfen der Fertigungsunterlagen	◐	○
4.4	Freigabe für die Fertigung		

Bild 8: Bewertung und Auswahl im Konstruktionsprozeß nach VDI 2221/2222 (nach /Bäß88/) (● = zentraler, ◐ = wesentlicher, O = untergeordneter Aspket der Phase)

Dieses Modell des Konstruktionsprozesses ist als Vereinfachung der realen Überlegungen und Abläufe zu verstehen, da im kreativen Konstruktionsprozeß permanent alternative Lösungsansätze entwickelt und bewertet werden. Die einzelnen Phasen lassen sich jedoch nicht immer scharf voneinander trennen /ABD96/. Der praktische Konstruktionsprozeß ist nicht regelrecht sequentiell aufgebaut, wie in Bild 4 dargestellt, sondern ist ein vielfach vernetzter, iterativer Prozeß, der sich aus der wechselnden Betrachtung von Gesamtprodukt, Baugruppen und Einzelteilen ergibt. Diese Objekte liegen je nach Konstruktionsfortschritt in unterschiedlichen Konkretisierungsstufen vor, so daß sich die Tätigkeiten mit den Konstruktionsphasen und dem Vorgehenszylus im Konstruktionsprozeß ständig abwechseln (Bild 9).

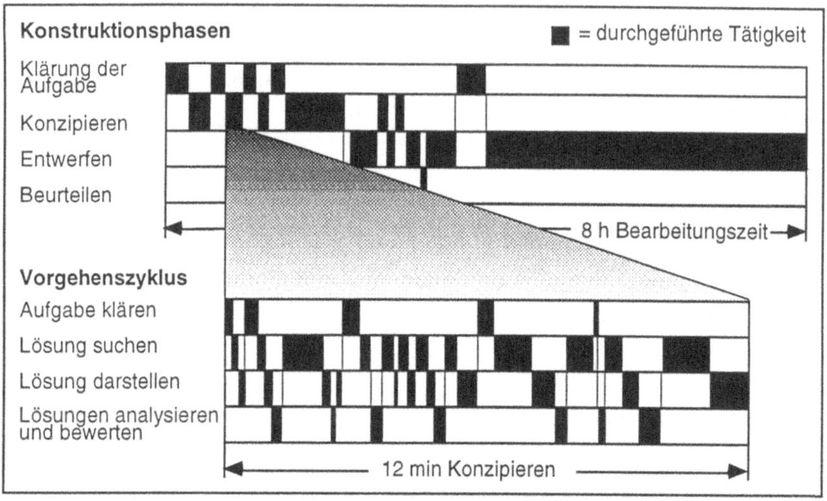

Bild 9: Konstruktionsphasen und Vorgehenszyklus im Konstruktionsprozeß /Dyl91/

Die Vorgehensweise im Konstruktionsprozeß wird dabei durch die Relevanz eines Problems bestimmt; es wird vom wesentlichen zum weniger wesentlichen Problem vorgegangen. Dieses Vorgehen überlagert sich mit dem schrittweisen Unterteilen von Problemen und Aufgaben in Teilprobleme und Teilaufgaben und spiegelt sich in der Dekomposition von Funktionen in Teilfunktionen ebenso wider wie in der Dekomposition von Produkten in Baugruppen und Einzelteilen. Zudem wird versucht, vom Einfachen zum Komplexen und vom Abstrakten zum Konkreten vorzugehen /Ehr85a/. So wird auch das Kostenziel des Pflichtenhefts im notwendigen Umfang in Kostenziele für Baugruppen, Einzelteile oder Funktionen aufgespalten.

Da die sequentielle Konstruktion zu langen Durchlaufzeiten führt, wird häufig **Simultaneous Engineering** (SE) als zielgerichtete, interdisziplinäre Zusammen- und Parallelarbeit von Produkt-, Produktions- und Vertriebsentwicklung mit Hilfe eines straffen Projektmanagements eingesetzt /Ehr95/. Dazu werden Teamarbeit, Projektmanagement, Parallelisierung von Arbeitsabläufen, Einbezug von Kunden und Lieferanten, Simulation, Rapid Prototyping und andere Verfahren eingesetzt. Damit sollen Zeiteinsparungen, Kostenverringerung und Qualitätsverbesserungen gegenüber der sequentiellen Konstruktionsmethodik erzielt werden. Die Umsetzung von SE läßt sich durch die drei Schwerpunkte Parallelisierung (hauptsächlich unter Zeitaspekten), Standardisierung (durch Anwendung der Gruppentechnologie auf allen Ebenen) sowie durch Integration aller Entwicklungsaspekte in jeder relevanten Konstruktionsphase charakterisieren /BuW96/. Die ganzheitliche Sichtweise des SE kann nur durch personelle Aufgabenintegration einzelner Arbeitsphasen und intensive Teamarbeit erreicht werden, die hohe Anforderungen an die operative Koordination und die Qualifikation der Mitarbeiter stellt.

Der Konstruktionsprozeß des SE ist durch einen stetigen Wissenszuwachs gekennzeichnet, bei dem auf der Basis der jeweils vorhandenen Informationen die weiteren Überlegungen so weit spezifiziert werden, daß sie für die folgenden Phasen zuerst als grobe Richtwerte und später als verbindliche Vorgaben verwendet werden können. Da viele Arbeiten auf der Basis von unsicheren Informationen durchgeführt werden /Kra93/, muß gewährleistet sein, daß der Kontext der Informationen bekannt und eine Interpretation der Verläßlichkeit der Daten möglich ist.
Im Prozeß des SE ist es sinnvoll, daß der Konstrukteur seine vorläufigen Überlegungen, z. B. zum Montagevorranggraphen, dokumentiert, da er beispielsweise die Montage eines Produkts ohnehin durchdenken muß, um die Montierbarkeit zu gewährleisten /EMS93, Tha93/.

Im SE wird versucht, die Problematik der kostengerechten Konstruktion durch intensive Kooperation zwischen Konstruktion, Vertrieb, Arbeitsvorbereitung, Fertigung und Einkauf zu lösen. Auch bei dieser Konstruktionsmethode sind Methoden, Verfahren und Werkzeuge notwendig, um eine Vorkalkulation jederzeit schnell und genau durchführen zu können und die organisatorischen Grundlagen zu ergänzen.

2.3 Randbedingungen der kostengerechten Konstruktion

Die Randbedingungen der kostengerechten Konstruktion sind wesentlich für die Anwendung von Methoden und Verfahren /Ehr90/. Für die Ausgestaltung eines integrierten Verfahrens ist die Berücksichtigung folgender Punkte zentral:

- Die **Kostenrechnung** als Basis der monetären Bewertung. Sie wird hier kritisch betrachtet und moderne Lösungsansätze werden aufgezeigt.
- Die **DV-Systeme** der Konstruktionsabteilung und kooperierender Bereiche, die dem Informationsbedarf und der verwendeten Kostenrechnung gegenübergestellt werden.

Für diese Aspekte werden die grundlegenden Zusammenhänge mit Kosteninformationssystemen aufgezeigt. Darüber hinaus ist die Systemanwendung von den praktizierten Organisationsmodellen und Konstruktionsmethoden abhängig. Auf diese Aspekte wird im weiteren noch eingegangen.

2.3.1 Betriebliche Kostenrechnung

Üblicherweise wird in Betrieben des Maschinenbaus für die Kalkulation von Produktkosten die differenzierte Zuschlagskalkulation verwendet /WBH93, Ehr85a/. Dabei werden die Einzel- und Gemeinkosten getrennt auf die Kostenträger verrechnet, wobei für die Gemeinkosten mehrere Bezugsgrößen verwendet werden. Ein mögliches Kalkulationsschema ist in Bild 10 dargestellt.

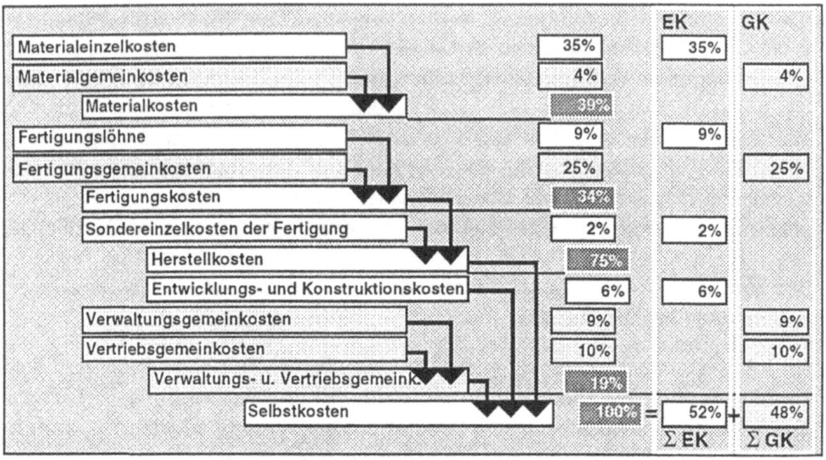

Bild 10: Schema der differenzierten Zuschlagskalkulation (Werte aus /NN92/)

Den größten Differenzierungsgrad erreicht die Zuschlagskalkulation bei der Kostenstellenkalkulation, in der für jede Kostenstelle ein Gemeinkostensatz verwendet wird. Die so erstellten Kalkulationen sind jedoch nicht zwangsläufig genauer, da der pauschale Charakter der Gemeinkostenverrechnung auch hier erhalten bleibt.
Die Interpretation einer Vorkalkulation, die große Anteile von Gemeinkosten beinhaltet, die mittels Zuschlagskalkulation verrechnet werden, kann z. B. zu folgenden Problemen führen /Ehr85a/:

- Teuren Materialien werden zu hohe Gemeinkosten zugerechnet; kostengünstige Standardmaterialien werden zu gering belastet und daher teilweise unbegründeterweise bevorzugt.
- Ausgelastete Kostenstellen haben eine breite Basis zur Verrechnung der Gemeinkosten und sind daher scheinbar kostengünstig. Gering ausgelastete Kostenstellen sind teuer und werden daher - folgt man den Ergebnissen der Kalkulation - gemieden, was diesen Effekt noch verstärkt.
- Bei stark unterschiedlichen Stückzahlen in einem Unternehmen werden Einzelstücke und Kleinserien gegenüber Großserien mit zu geringen Gemeinkosten belastet, wodurch sie scheinbar zu lukrativen Aufträgen werden.

Die Probleme der Zuschlagskalkulation rühren daher, daß die Proportionalität von Einzelkosten zu Gemeinkosten, von Konstruktionsentscheidungen und Gemeinkostenbereichen nicht immer transparent ausgewiesen wird /HoM92/.

Will man die Gemeinkosten eines Auftrags verursachungsgerecht verrechnen, so müssen zur Kalkulation Bezugsgrößen verwendet werden, die den Zusammenhang von Produkt und Gemeinkosten besser wiedergeben /CoK88, CoS96/. Ein Lösungsansatz dafür ist, daß nicht die Teile und Baugruppen, die bei der Zuschlagskalkulation als Basis verwendet werden, werteverzehrend sind, sondern die Prozesse zur Realisierung dieser Objekte und diese daher Grundlage der Kalkulation sein sollten.

Ausgehend von diesem Gedanken wurde schon Anfang der achtziger Jahre die Prozeßkostenrechnung entwickelt /CoK88, Coo90, HoM92/. Sie stellt kein neues Kostenrechnungssystem dar, sondern ergänzt bestehende Systeme, wobei jedoch die Beeinflußbarkeit der Gemeinkosten betont wird /SHB95/. Die Einzelkosten werden wie bisher den Kostenträgern direkt zugeordnet. Im Unterschied zur Zuschlagskalkulation werden nun jedoch die Gemeinkosten soweit möglich als Prozeßkosten den Kostenträgern direkt zugeordnet. Dazu müssen die gemeinkostenverursachenden Prozesse definiert und bewertet werden. Grundannahme der Verrechnung ist die Proportionalität der Prozeßmengen zu den Kosteneinflußgrößen der Prozesse (Leistungsmengeninduzierung). Da jedoch weiterhin Gemeinkosten anfallen, für die diese Grundannahme nicht zutrifft (z. B. für die strategischen Aufgaben der Geschäftsleitung), müssen diese Restgemeinkosten weiterhin über Zuschlagsverfahren verrechnet werden. Der Einfluß der Produktkonstruktion auf diese Restgemeinkosten ist für das einzelne Produkt oder die konstruktive Entscheidung auch mit Hilfe der Prozeßkostenrechnung nicht nachzuweisen.

Durch Anwendung der Prozeßkostenrechnung kann der Gemeinkostenblock zu einem Großteil verursachungsgerechter auf die einzelnen Kostenträger verteilt werden. Damit sind auch entsprechende Vorkalkulationen genauer. Dabei ist für die Anwendung der Prozeßkostenrechnung in der Vorkalkulation zu beachten, daß die verwendeten Prozesse in der Konstruktion eindeutig festzulegen sind, und die Erfassung der Prozeßkosten auch ohne betriebsweite Implementierung des Prozeßkosteninstrumentariums möglich ist.

Für die Prozeßkostendefinition zur Vorkalkulation in der Konstruktion ist entscheidend, daß die durch die Konstruktion verursachten Prozesse meist mehrere Gemeinkostenarten betreffen. Daraus ergibt sich eine weitreichende Auswirkung der Einführung von Prozeßkostenrechnung für die Vorkalkulation, die der hohen Kostenverantwortung der Konstruktion auch auf Gemeinkosten entspricht. Eine Abschätzung des Autors der verrechenbaren Gemeinkostenanteile (Bild 11) führt zu einer Reduktion der pauschalen Gemeinkosten um mehr als 50%.

Die detaillierte Definition der anfallenden und zu verrechnenden Prozesse ist betriebsspezifisch je nach Kostenstrukturen, Konstruktionserfordernissen und Ansprüchen an die Transparenz auch unter Berücksichtigung des zur Erfassung und Pflege notwendigen Aufwandes vorzunehmen.

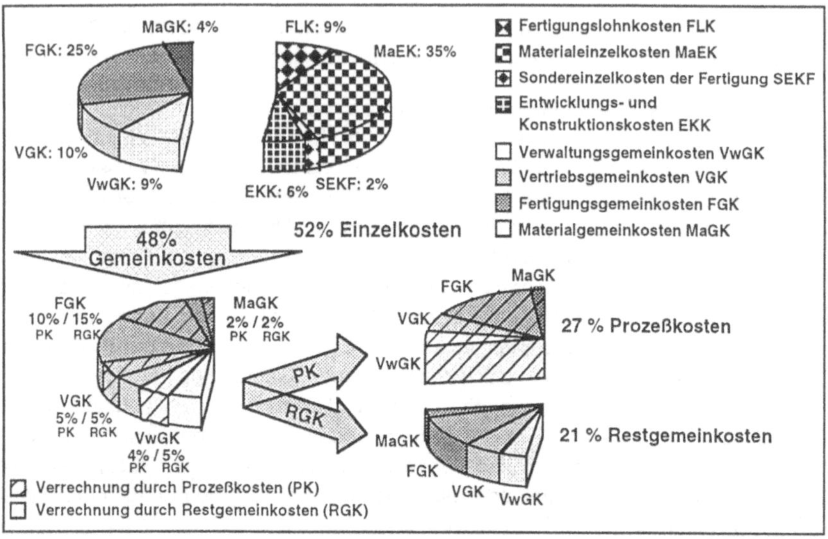

Bild 11: Prozeßkostenrechung reduziert Gemeinkostenverrechnung

2.3.2 DV-Umgebung der Konstruktion

Die Tätigkeiten eines Konstrukteurs sind heute durch die Anwendung verschiedenster DV-Systeme geprägt, die die notwendigen Informationen bereithalten und verarbeiten oder eine Plattform darstellen, um neue Informationen in einer betriebsspezifischen Form zu dokumentieren. Für die kostengerechte Konstruktion sind dabei verschiedene Systeme zu berücksichtigen.

CAD-Systeme werden im Konstruktionsprozeß meist zum Entwurf und zur Ausarbeitung eingesetzt, d. h. in Konstruktionsphasen, in denen die wesentlichen kostenrelevanten Entscheidungen zur Produktstruktur bereits gefallen sind. Dabei steht die Entwicklung und Gestaltung des Geometriemodells im Mittelpunkt der CAD-Anwendung. Über das Geometriemodell hinausgehende Informationen, z. B. zu Fertigung und Montage, werden in zwei-, aber auch in dreidimensional arbeitenden Systemen meist als Textattribut verwaltet und können durch die CAD-Datenstrukturen nicht oder nur sehr schwierig weiterverarbeitet werden /Schä91/.
Die Weiterentwicklung des CAD-Modells vom Geometriemodell hin zum Produktmodell soll hier Abhilfe schaffen. Ein Ansatz dazu sind Featuremodelliersysteme, wobei *Features* als Informations-Einheiten zu verstehen sind, die eine Zusammenfassung von z. B. geometrischen, technologischen, fertigungstechnischen oder funktionalen Informationen darstellen /KRT93/. Die Erweiterung des Geometriemodells kann durch interaktive Identifikation der Features, durch automatische Erkennung der Features oder durch originäre Konstruktion mit Features vorgenommen werden

/Wol94/. Diese zusätzlichen Informationen eines featurebasierten CAD-Systems werden in Zukunft durch die normierte Schnittstelle STEP /GEP94/, unabhängig von der Art der physikalischen Datenspeicherung, zugänglich sein.

Für ein Kosteninformationssystem sind CAD-Schnittstellen daher wünschenswert, jedoch bei den heute verfügbaren CAD-Systemen nicht entscheidend, da die Definition der Produktstruktur und die dabei erfolgenden Überlegungen noch nicht umfassend durch CAD-Systeme unterstützt werden.

CAP-Systeme dienen zur Unterstützung der Arbeitsplanung und sind das Bindeglied zwischen der funktions- und geometrieorientierten Produktdefinition der Konstruktion und der schrittweisen Realisierung durch die Fertigung. Im Sinne eines optimierten Gesamtprozesses sollen die Ergebnisse einer konstruktiven Vorkalkulation und die dazu angestellten Überlegungen in die weiteren Arbeiten der AV einfließen. Je nach Betrachtungsraum der Produktentwicklung kann sich dies auf Materialangaben, Teilefertigungs- und Montagereihenfolgen und die Vorkalkulation beschränken oder sich über weitergehende Details wie Rohlingsgeometrie, Maschinenauswahl oder Montagereihenfolgen erstrecken. Entsprechende konstruktive Überlegungen sind dabei für eine spätere AV-Verwendung zu dokumentieren.

In allen Betriebsbereichen fallen durch die eingesetzten DV-Systeme große Mengen von Daten aus verschiedenen Applikationen an, die eine effiziente Verwaltung nach Produkt-, Projekt- und Applikationskriterien erfordern. Grundlage dazu ist die Speicherung der Daten in **Datenbanken**, ergänzt durch die Datenbankapplikation zur Verwaltung der Daten, den **Engineering Data Management-Systemen** (EDMS).

Für ein Kosteninformationssystem ist es notwendig, auf die Daten verschiedener Anwendungsprogramme der Konstruktion schnell zugreifen zu können (z. B. Teilestammsätze). Schon eine detaillierte Kalkulation von Einzelteilen benötigt Datenarten, die von PPS-Systemen nicht bereitgestellt werden können /Ste94/. Dazu ist entweder eine entsprechend umfangreiche Datenhaltung im Kosteninformationssystem erforderlich oder das notwendige Daten-Repository, um über geeignete Schnittstellen auf die Daten der anderen CIM-Module zugreifen zu können. Die umfangreiche Datenhaltung erfolgt in einer Datenbank, die dem Kosteninformationssystem zugrundeliegt - das Kosteninformationssystem wird zur Datenbankanwendung. Der Zugriff auf die Daten in anderen CIM-Modulen erfordert eine funktionierende Datenverwaltung, wie sie von EDM-Systemen erfolgen kann.

Kosteninformationssysteme benötigen Daten, die üblicherweise in Produktionsplanungs-, Rechnungswesen- und Konstruktionssystemen erstellt oder verwaltet werden /Fis94/. Durch diese Vielfalt an Anknüpfungspunkten läßt sich aus den bestehenden CIM-Komponenten kein System eindeutig als Grundlage für die Implementierung eines Kosteninformationssystems auswählen (Bild 12).

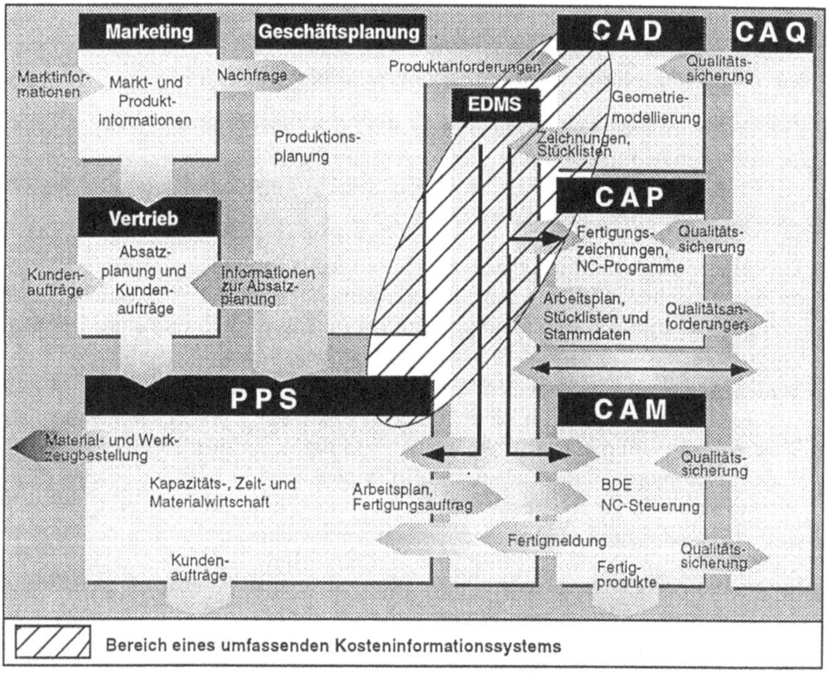

Bild 12: Inhaltliche Verknüpfung von Kosteninformationssystemen in CIM

2.4 Bewertungsverfahren zur kostengerechten Konstruktion

Die Bewertung der Kosten eines Produkts während der Konstruktion ist für den Konstrukteur schwierig, da die Zugänglichkeit der Daten, fehlende oder unzureichende Hilfsmittel und DV-Programme sowie qualifikatorische Defizite eine einfache und schnelle Vorkalkulation erschweren.

Nachteilig ist die Mittelbarkeit des Kostenkriteriums, da sich über die verursachten Prozesse und die verzehrten Ressourcen nur indirekt auf die anfallenden Kosten schließen läßt. Diese Mittelbarkeit begründet eine Komplexität der kostengerechten Konstruktion, die es notwendig macht, spezielle Verfahren und Hilfsmittel anzuwenden. Daher wurden beispielsweise vom VDI Regeln und Hilfsmittel erarbeitet die beim kostengerechten Konstruieren unterstützen sollen /VDI2222/. Ohne auf die einzelnen Verfahren näher einzugehen, läßt sich zusammenfassen, daß alle Verfahren zur konkreten Kostenschätzung auf wenige grundsätzliche Methoden zurückgreifen. Diese fundamentalen Methoden und die darauf aufbauenden Verfahren werden in den folgenden Kapiteln unter Berücksichtigung der Anwendbarkeit auf Teilefertigung und Montage näher erörtert.

Bewertungsverfahren zur Vorkalkulation in der Konstruktion lassen sich nach verschiedenen Kriterien in unterschiedliche Kategorien einteilen:

- Qualitative Verfahren mit Kenngrößen oder Ähnlichkeiten wie Beispielsammlungen, *Relativkosten* oder Grenzstückzahlen sowie quantitative Verfahren mit Geometrie- oder Fertigungsdaten wie Bemessungsgleichungen und Kurzkalkulationsformeln. Innerhalb der quantitativen Verfahren lassen sich statistische und analytische Verfahren unterscheiden.
- Teilefertigungsorientierte Verfahren für die Einzelteilbewertung oder montageorientierte Verfahren für Produkte und Baugruppen.
- Verfahren für die einzelnen Anwendungsphasen Planung, Konzeption, Entwurf und Ausarbeitung oder Verfahren, die eine phasenübergreifende Anwendung in zwei oder mehr Phasen unterstützen.
- Verfahren deren Anwendungsgebiet auf ein einzelnes Fertigungsverfahren wie Drehen, Fräsen, Schleifen oder manuelle bzw. automatische Montage beschränkt ist, sowie Verfahren mit mehreren Anwendungsgebieten.
- Verfahren deren Anwendung nur manuell erfolgt oder DV-unterstützt ist, bei DV-unterstützten Systemen als isoliertes System oder integriert in die DV-Strukturen des Betriebs.

Im folgenden wird die Analyse der Bewertungsverfahren zur kostengerechten Konstruktion nach den Kriterien Montage- oder Teilefertigungsorientierung vorgenommen. Innerhalb dieser Kategorien werden qualitative und quantitative Verfahren unterschieden. Die quantitativen Verfahren werden zusätzlich nach analytischer oder statistischer Vorgehensweise getrennt (Bild 13).

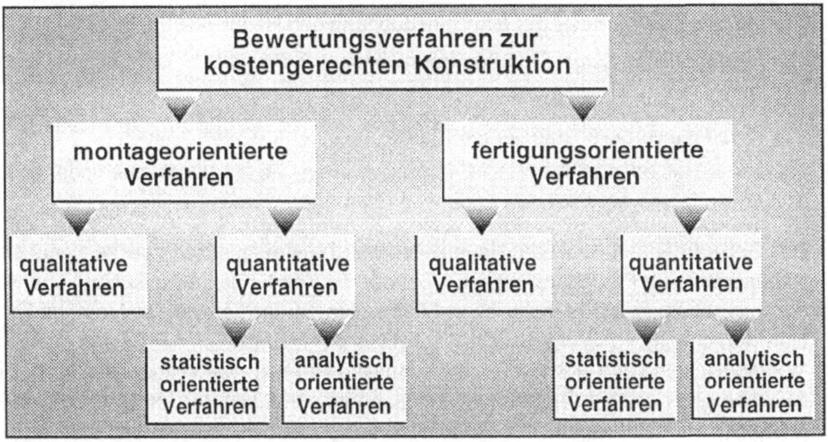

Bild 13: Kategorisierung der Bewertungsverfahren zur kostengerechten Konstruktion

2.5 Bewertungsverfahren mit dem Schwerpunkt Montagekosten

Für die Bewertung der Montagekosten einer Konstruktion durch den Konstrukteur lassen sich verschiedene Verfahren anwenden, die in diesem Kapitel erläutert werden. Zunächst werden die Methoden der Vorgabezeitermittlung untersucht, die Grundlage der industriellen Vorkalkulation sind. Weitere Verfahren lassen sich nach manueller oder DV-unterstützer Auswertung einteilen.

Dabei wird stellvertretend für die verschiedenen Montageprinzipien nur die manuelle Montage betrachtet. Manuelle Montage wird immer noch für einen Großteil der industriellen Montageaufgaben angewendet (z. B. wurde 1992 im Bereich der Metallverarbeitung 77% manuelle Montage eingesetzt /ArK93/) und wird auch in absehbarer Zukunft in großen Bereichen der industriellen Fertigung dominieren /LoS94, ZBW93/. Die Regeln zur manuell-montagegerechten Konstruktion treffen auch für die automatische Montage zu /PaB86, Ehr85a/, daher können die Ergebnisse einer Optimierung der manuellen Montage mindestens als Grundlage einer Optimierung für automatische Montage verwendet werden.

2.5.1 Methoden der Vorgabezeitermittlung für die Montage

Die Kosten manueller Montage sind großteils Lohnkosten des Montagepersonals, die direkt proportinal zur Montagezeit sind. Die Vorkalkulation von manuellen Montagekosten basiert daher auf der Vorgabezeitermittlung für die manuelle Montage. Nach REFA /NN75/ ist die Ermittlung von Vorgabezeiten mit vier grundlegenden Methoden möglich:

- Berechnen auf Basis der maschinenabhängigen Hauptzeiten,
- Zeitermittlung durch Einflußgrößenrechnung, Planzeiten,
- Schätzen und Vergleichen,
- Systeme vorbestimmter Zeiten (SvZ).

Diese vier Methoden basieren auf Erfahrungswerten, die mit statistischen oder analytischen Verfahren auf neue Anwendungen übertragen werden.

Das **Berechnen** auf Basis der Hauptzeiten des Teilefertigungsprozesses eignet sich insbesondere für Fertigungsprozesse, bei der die Zeit für den Arbeitsablauf überwiegend unabhängig von menschlichen Fähigkeiten ist. Im Bereich der Montage kann eine Berechnung von Vorgabezeiten auf Basis der Hauptzeiten nur für automatische Montagesysteme und Roboter erfolgen und ist damit montageanlagenspezifisch. Der Aufwand einer solchen Vorgabezeitermittlung ist somit von der Anlagenkomplexität abhängig. Die Genauigkeit der Ergebnisse entspricht den üblichen industriellen Anforderungen. Für die manuelle Montage müssen andere Methoden der Vorgabezeitermittlung eingesetzt werden.

Planzeiten sind in der Regel produkt- oder baugruppenorientiert aufgebaut. Zur Planzeitermittlung ist eine ausreichende Grundgesamtheit ähnlicher Objekte zu analysieren, von denen die Einflußgrößen und die Montage-Zeiten bekannt sein müssen. Mittels statistischer Verfahren wie Regressionsanalyse /Hal73/ oder Optimierungsrechnung /Ent76/ lassen sich die Parameter der vorgegebenen Zielfunktion so ermitteln, daß die durchschnittlichen Abweichungen der Funktionswerte von den Ausgangswerten minimal ist. Die Erstellung und Verwendung von Planzeiten hat mehrere Nachteile: Zur Analyse braucht man genügend ähnliche Objekte, für die die Einflußgrößen und der Zielwert numerisch zuverlässig bekannt ist. Bei zu groß gefaßten Grundgesamtheiten nimmt die Kalkulationsgenauigkeit ab. Zum Aufstellen der Ausgleichsfunktion muß der qualitative Einfluß jeder Einflußgröße bekannt sein. Falsche Annahmen ergeben unter Umständen eine schwache Bestimmtheit des Ergebnisses. Nur in den einfachsten Fällen ist eine Regressionsanalyse oder eine Optimierungsrechnung mit einfachen Werkzeugen zu bewältigen. In der Regel werden DV-gestützte Werkzeuge und hochqualifiziertes Personal eingesetzt. Entscheidend für die Genauigkeit der Ergebnisse ist das Aggregationsniveau der Analyse: Detaillierte Analysen einzelner Baugruppen ergeben bei höherem Aufwand ein genaueres Ergebnis als die pauschale Analyse eines Gesamtprodukts. Da die Parameter der Zielfunktion auf eine firmenspezifische Grundgesamtheit aufbauen, ist eine Anwendbarkeit dieser Verfahren firmenübergreifend nicht möglich. Der Erstellungs- und Aktualisierungsaufwand ist von einzelnen Firmen zu tragen. Die Anwendungshäufigkeit der Planzeitermittlung mit statistischen Methoden ist daher recht gering /HeO84/.

Schätzen und Vergleichen ist die ungenaueste und gröbste Methode der Vorgabezeitermittlung /Bul86/. Die Genauigkeit des Verfahrens hängt jedoch stark von der Aggregationsstufe ab, auf der eine Schätzung vorgenommen wird. Zum einen nähern sich mit steigender Detaillierung der Schätzobjekte die Schätzungen immer mehr einer groben Planzeitermittlung an und zum anderen verbessert der interne Fehlerausgleich die Genauigkeit des Gesamtergebnisses /Kie84/. Denn es gilt für den relativen Fehler f_i eines Kalkulationswertes y_i im Bezug zum Absolutwert F_i

$$f_i = F_i / y_i \qquad (1)$$

Für den relativen Fehler f_{ges} des Summenwerts y_{ges} gilt dabei:

$$f_{ges} = \sqrt{\sum_{i=1}^{n} (f_i \cdot y_i)^2 \Big/ y_{ges}^2} \qquad (2)$$

Bei einer gleichmäßigen Kostenverteilung mit $y_1 = y_2 = ... = y_n$ und einem gleichen relativen Fehler $f_1 = f_2 = ... = f_n$ vereinfacht sich Gleichung (2) bei hinreichender Anzahl der Schätzwerte zu

$$f_{ges} = f_i \big/ \sqrt{n} \qquad (3)$$

Auch durch das Schätzen im Team oder durch die Detaillierung des betrachteten Objekts in mehrere Teilobjekte ergeben sich durch den internen Fehlerausgleich für eine Gesamtkalkulation erheblich genauere Ergebnisse.

Eine weitere wesentliche Einflußgröße für die Genauigkeit der Ergebnisse ist die Erfahrung der Schätzer. Für die Anwendung ist diese notwendige Erfahrung oder die personalintensive Teamarbeit nachteilig. Trotzdem wird dieses Verfahren für die Vorkalkulation von Montagekosten häufig angewendet, da es universell einsetzbar ist.

Systeme vorbestimmter Zeiten (SvZ) /NN75, Hac77/ geben Planzeiten für das Ausführen von Vorgängen, die vollständig oder größtenteils vom Menschen beeinflußbar sind. Dies trifft für die manuelle Montage zu, da dort die Prozeßzeiten überwiegend von den Fähigkeiten des Menschen abhängig sind. Grundlage von SvZ ist eine Unterteilung der Arbeitsprozesse in Bewegungselemente, für die eine allgemein anwendbare Planzeit auf der Basis einer umfassenden, repräsentativen Bewegungsanalyse mit statistischen Methoden ermittelt wurde. Um eine Allgemeingültigkeit und Übertragbarkeit der Ergebnisse zu sichern, müssen diese Bewegungselemente detailliert genug sein. Durch Kombination der detaillierten Bewegungselemente werden die relevanten Arbeitsprozesse abgebildet. Vorteile der SvZ sind /HeO84/:

- Anwendbarkeit in frühen Phasen des Konstruktionsprozesses
- Effizientes Arbeiten gegenüber arbeitsprozeßspezifischen, originären Datenermittlungen
- Einheitliches Zeitniveau für alle damit bearbeiteten Anwendungsfälle
- Nutzbarkeit der Ergebnisse zur Vorkalkulation und zur Arbeitsunterweisung der Ausführenden

Um diese Vorteile sichern zu können bedarf die Anwendung von SvZ einiger Voraussetzungen:

- Die Genauigkeit von SvZ kann nur gesichert werden, wenn die Beschreibung der Arbeitsaufgabe, des Arbeitsablaufs und der Arbeitsbedingungen reproduzierbar sind und dadurch Klarheit für den Anwendungsfall besteht.
- Das SvZ sollte aus Effizienzgründen eine Detaillierung aufweisen, die den Genauigkeitsanforderungen der Aufgabe entspricht, da der Zeitbedarf einer Anwendung mit zunehmenden Anforderungen stark steigt.

SvZ lassen sich für den eigenen Anwendungsfall selbst erstellen, der damit verbundene Aufwand ist jedoch sehr hoch. In der industriellen Praxis werden daher standardisierte SvZ, z. B. Motion Times Measurement (MTM) /Hel91, NN75, NN92, Sal82/, verwendet, die umfassende und zuverlässige Werte bieten. Die Anwendung dieser SvZ läßt sich durch DV-Unterstützung erleichtern und die Genauigkeit der Ergebnisse ist durch die hohe Detaillierung gut.

Vergleicht man diese Methoden der Vorgabezeitermittlung für die Montage (Tab. 1), so weisen Systeme vorbestimmter Zeiten gegenüber den anderen Methoden die Vorteile der universellen Anwendbarkeit für die manuelle Montage und der guten Genauigkeit aufgrund der detaillierten Analysegrundlagen auf. SvZ sind für die manuelle Montage sehr geeignet und werden daher in dieser Arbeit als generelles Prinzip der Montagekostenkalkulation zugrunde gelegt.

Kriterium	Berechnen	Planzeiten	Schätzen	SvZ
analytisch - statistisch	analytisch (Prozeß-Formeln als Grundlage)	statistisch	statistisch (mit intuitiver Auswertung von Erfahrungswissen)	analytische Anwendung statistisch ermittelter Tabellenwerte
Aggregationsstufe	Montageprozesse	beliebig; je detaillierter, desto genauer	beliebig; je detaillierter, desto genauer	sehr detailliert (Montageprozesse und Bewegungselemente)
Verallgemeinerungsniveau	montageanlagenspezifisch	beliebig; je detaillierter, desto genauer	beliebig; je detaillierter, desto genauer	universell für manuelle Tätigkeiten
Aufwand (ggf. mit PC)	je nach Anlagenkomplexität gering bis mittel	Erstellung hoch, Anwendung gering	je nach Detaillierung und Teamgröße gering bis hoch	je nach Aggregationsniveau mittel bis hoch
Genauigkeit	gut	gut bis mittel	mittel bis grob	gut
Rechnereinsatz	möglich/sinnvoll	meist notwendig	nicht notwendig	sinnvoll
Montageeignung	nicht geeignet für manuelle Montage, für maschinelle und Robotermontage möglich	geeignet	geeignet, besonders jedoch zur ganzheitlichen Bewertung geeignet	sehr geeignet

Tab. 1: Methodenvergleich der Vorgabezeitermittlung für Montage

2.5.2 Qualitative Montagebewertungsverfahren

Zusätzlich zu diesen grundlegenden Methoden zur Montagebewertung in der Konstruktionsphase existieren weitere, teilweise auf den grundlegenden Methoden aufbauende Montagebewertungsverfahren. Diese Verfahren werden in diesem und den folgenden Kapiteln nach den Kriterien qualitative, quantitative statistische und quantitative analytische Verfahren aufgeführt. Eine Bewertung nach Punkten u. ä. Quantifizierungen von qualitativen Ergebnissen wird im folgenden den qualitativen Verfahren zugerechnet. Quantitative Verfahren zur Bewertung der Montage zeichnen sich nach diesem Verständnis durch eine Berechnung der Montagekosten oder zumindest eine Ermittlung der Montagezeiten aus.

Das "Verfahren zur Bewertung der Montagegerechtheit" von **Ende** /End80/ basiert auf der problemspezifischen Auswahl aus 25 Bewertungskriterien. Zur Vereinfachung der Bewertung wird eine einfache Ja/Nein-Entscheidung verwendet. Der Kriterienkatalog berücksichtigt verschiedenste, teilweise sehr detaillierte Montageaspekte und kann daher nur im Team von Konstruktion, AV und ggf. Fertigung bewertet werden. Alternativ steht eine Bewertung auf der Basis eines eingeschränkten Kriteriensatzes zur Verfügung, der einen Einsatz schon bei geringem Konkretisierungsgrad der Konstruktion ermöglicht. Die abschließende Bewertung erfolgt durch gewichtete Addition der einzelnen Ja/Nein-Entscheidungen. Mögliche Optimierungen der Produkte ergeben sich aus der Übersicht der eigenen Bewertungen. Eine Aussage über Montagezeiten und -kosten erfolgt nicht.

Gairola entwickelte ein ähnliches Verfahren /Gai81/ mit dem Anwendungsschwerpunkt Massenfertigung von Elektroartikeln auf Montageanlagen. Ziel des Verfahrens ist eine Produkt- oder Baugruppenbewertung, die den weiteren Überarbeitungsbedarf des Konstruktionsobjekts klärt. Für die Bauelementanalyse und die Baugruppenbetrachtung stehen unterschiedliche Kriterienkataloge zur Verfügung. Die Bewertung erfolgt qualitativ auf der Basis definierter Kriterienstufen, die meist textuell, teilweise numerisch vorgegeben sind. Die Endbewertung setzt sich aus dem Erfüllungsgrad in beiden Bereichen zusammen. Zur detaillierten Beurteilung der Konstruktion im Hinblick auf mögliche Verbesserungspunkte werden die Einzelbewertungen sowie die Differenz der Einzelbewertungen herangezogen. Das Verfahren kann von einem montageerfahrenen Konstrukteur in einer späten Konstruktionsphase angewendet werden und ist recht aufwendig. Das qualitative Ergebnis läßt keine Rückschlüsse auf die zu erwartenden Montagekosten zu.

Die Software "Evaluation of Design for Assembly" (EDA) von **Witte** /Wit83/ arbeitet mit einer Checkliste und Fragen zur Analyse der Eignung von Einzelteilen für manuelle und automatische Montage. Diese wird analysiert indem für Bauteilebereitstellung, Teileaufnahme, Teilepositionierung und dem Vorgang des *Fügens* eine Punktebewertung erfolgt und mit einem Optimum verglichen wird. Eine Bewertung von Baugruppen und Produkten ist nicht vorgesehen.

Die "Montageerweiterte ABC-Analyse" von **Lotter** /Lot86/ basiert auf einer Checkliste, um die montagegerechte Gestaltung von Produkten, Baugruppen oder Einzelteilen zu überprüfen und Varianten einander gegenüberzustellen. Grundgedanke der Analyse ist die Frage "Was kostet ein Teil bzw. eine Baugruppe, bis die geforderte Funktion nach erfolgter Montage erreicht ist?". Dazu werden Grundsatzfragen nach entsprechenden Kriterien gestellt, die vom Anwender detaillierte Kenntnis der geplanten Montage verlangen und den Dialog zwischen Produktentwicklung und Fertigungsplanung erfordern:

- ❑ Preis des Teils, Herstellkosten
- ❑ Anlieferungszustand
- ❑ Handhabungsfähigkeit
- ❑ Fügeverfahren
- ❑ Qualität
- ❑ Fügerichtung

Diese Kriterien beeinflußen sich alle gegenseitig und müssen daher integral betrachtet werden. Die Checkliste umfaßt je Kriterium zwei bis fünf Einflußfaktoren, die jeweils mit den Erfüllungsgraden "Gut geeignet", "Bedingt geeignet" und "Ungeeignet" bzw. entsprechenden Notenstufen bewertet werden. Damit sind die Bewertungen dem subjektiven und momentanen Bewertungsempfindungen der Anwender unterworfen. Die Resultate der Grundsatzfragen bestimmen wesentlich die Montagetechnologie und somit die Kosten der Betriebsmittel und des Personals.

Die "Vorgehensweise zur montagegerechten Produktgestaltung" /Bäß88/ von **Bäßler** benutzt kriterienspezifische Punktwerte zur Bewertung des Montageaufwands. Das Verfahren verbindet in der Bewertung diesen Montageaufwand mit dem Grundgedanken der zulässigen Funktionskosten für Baugruppen und Einzelteile und bietet damit eine inhaltliche Erweiterung gegenüber anderen Verfahren. Zur Überarbeitung werden die Baugruppen mit schlechter Relation von Montageaufwand zu Funktionskosten empfohlen. Die Anwendung des Verfahrens ist durch die notwendige Funktionsdekomposition bis auf die Einzelteile aufwendig. Die Gewichtung der Funktionen erfordert wiederholte subjektive Bewertungen, so daß die Analyse des Optimierungsbedarfs nicht immer praxisgerecht ist.

Sturges und Kilani bewerten im "Integrated Design for Assembly Evaluation and Reasoning System" (IDEARS) /StK92/ Handhabungs- und Fügevorgänge von Einzelteilen. Eine zusammenfassende Bewertung der Montagegerechtheit erfolgt durch Addition der einzelnen Bewertungsindizes. Montagezeiten oder -kosten werden nicht ermittelt. Überlegungen zu einem erweiterten Betrachtungsraum der montagegerechten Konstruktion, den über den Teile- und Produktbereich hinausgehenden Arbeitsplatzbereich, sowie die Kopplung zu CAD-Systemen über die Featureerkennung aus CAD-Systemen werden als forschungsbedürftig herausgestellt.

Die Überlegungen zur Systemgrenze werden von **Taylor** u. a. in /TEG94/ weitergeführt, die für eine Erweiterung der montage- und fertigungsgerechten Konstruktion zur Konstruktion für ein vorhandenes Umfeld (Design to Fit an Existing Environment, DFEE) plädieren. Dazu werden Produkt und Produktionsumgebung modelliert und die kostenrelevanten Interdependenzen herausgearbeitet.
Weitere Systeme z. B. zur Gestaltung von Montagearbeitsplätzen /ZBW93/ oder zur Planung der Montage zeigen die Abhängigkeiten von Produkt, Montage und Montagekosten ebenfalls auf, sind jedoch durch die Vorgehensweise und den Detaillierungsgrad von Produkt und Montageumgebung für die Bewertung in der Konstruktion nicht geeignet.

Qualitative Bewertungsverfahren sind als Grundlage der kostengerechten Konstruktion nur sehr eingeschränkt zu verwenden, da keine Aussagen über Kosten erfolgen und eine Vergleichbarkeit über die verschiedenen Kostenblöcke hinweg nicht gegeben ist.

2.5.3 Quantitative Montagebewertungsverfahren

Die Aussagen quantitativer Verfahren zur Bewertung einer Konstruktion sind für den Anwender einfacher zu interpretieren und vielseitiger einzusetzen. Viele der aktuelleren Montagebewertungssysteme machen daher quantitative, meist monetäre Aussagen.

Ein DV-basiertes Bewertungsverfahren mit industrieller Bedeutung ist das Programmpaket "Design for Assembly" (DFA) von **Boothroyd und Dewhurst** /Bak91, BDK94, BoD94, BoD96, Con92, Schm90/. Schwerpunkt des Verfahrens ist die Minimierung der Anzahl der zu montierenden Bauteile. Mit den drei Kriterien

- separates Bauteil ist notwendig, um Funktion zu erfüllten (Relativbewegung),
- separates Bauteil ist notwendig, da anderes Material notwendig ist oder
- separates Bauteil ist notwendig, um die Montage zu ermöglichen,

wird die minimale Teileanzahl einer Baugruppe oder eines Produkts ermittelt. Für die Quantifizierung des Montageaufwands werden für manuelle und automatisierte Montage unterschiedliche Vorgehensweisen verwendet.
Manuelle Montage wird in Handhabungs- und Fügezeiten unterteilt. Zur Kalkulation der einzelnen Montageschritte wird ein DFA-spezifisches SvZ verwendet, dessen Kriterien dem Informationsstand der Konstruktion angepaßt sind. Berücksichtigt werden grundlegende Teileeigenschaften wie Gewicht, Größe und Symmetrie sowie Fügeeigenschaften wie Sichtbarkeit des Fügeorts, Art und Schwierigkeit des Fügevorgangs. Das Ergebnis einer Analyse ist die Gesamtmontagezeit, auf deren Basis sich mit dem Montagestundensatz die Montagekosten berechnen lassen. Eine Bewertung der Montage erfolgt durch die Gegenüberstellung des vorkalkulierten und eines idealen Montageaufwands.
Bei automatischer Montage werden die Handhabungskosten auf der Basis von Vibrationswendelförderern berechnet. Analog zur Vorgehensweise zur manuellen Bewertung werden DFA-spezifische SvZ verwendet und identisch ausgewertet.
Verbesserungsschwerpunkte der Montage können für manuelle und automatische Montage nur indirekt aus den Analyseergebnissen ermittelt werden. Die vom System ermittelte minimale Teileanzahl ist selten realisierbar, da z. B. Verbindungselemente generell verworfen werden. Die Montagegerechtheit der Produkte kann erst relativ spät im Konstruktionsprozeß bestimmt werden /BäS87/.

Die "Assemblability Evaluation Method" (AEM) von **Hitachi,** erweitert durch General Electrics, /MiT87, MOI90, Schm90, TSS89/ ist für die manuelle und automatische Montage von Produkten der Serien- und Massenfertigung einsetzbar. Soweit sich aus den vorliegenden Quellen ableiten läßt, basiert die Vorgehensweise auf einem einfachen SvZ für die Fügevorgänge, das zur Kennwertermittlung eines neuen Entwurfs benutzt wird. Teilehandhabung, -ausrichtung und -zuführung werden nicht berücksichtigt. Die Kostenbewertung erfolgt auf der Basis eines Vorgängermodells und dem Verhältnis der Kennwerte von Vorgänger- und Neukonzeption. Die Anwendung des Vorgängervergleichswerts integriert die firmenspezifischen Umgebungsbedingungen (Technologieniveau, Kostensätze etc.) in die Kalkulation.

Die Aussagen über entstehende Montagekosten sind bei DFA und AEM nur als sehr grobe Anhaltspunkte zu verwenden /Schm90/.

Dahl erweiterte mit dem "Design and Modelling System" (DEMOS) /Dah90/ die DFA-Methode durch Integration des reduzierten Tabellenwerks in ein CAD-System. Dazu wird vom Anwender mit Systemunterstützung die montageorientierte Produktstruktur definiert. Auf dieser Basis werden zwischen Einzelteilen und Baugruppen die Verbindungsverfahren definiert und die groben Handhabungszeiten ermittelt, wobei die für die Fügezeit relevanten Faktoren interaktiv eingegeben werden. In einer abschließenden Analyse werden die verbesserungsfähigen Bereiche und Optimierungsmöglichkeiten aufgezeigt. Die Integration von DEMOS in ein CAD-System wird zur Visualisierung der Konstruktionsobjekte und zur Bewegungssimulation und Kollisionskontrolle verwendet. Der Anwendungsaufwand ist dennoch hoch, da alle Montageaspekte manuell eingegeben werden müssen.

Hartmann /Har93, EvH93/ entwickelte ein sehr detailliertes Kostenmodell für die Montage (MOMO), das durch werteverzehrbeschreibende Parameter Prozesse definiert, die eine verursachungsgerechte Kostenzuordnung möglich machen. Durch den hohen Modellierungsaufwand der detaillierten Montageprozesse ist das Verfahren für die konstruktive Bewertung nicht geeignet, aber zur detaillierten Montageanlagenplanung.

Das System "Designers' Aid for Simultaneous Engineering" (DAISIE) von **Ishii** /IAB88/ basiert auf den Tabellen von Boothroyd und AEM, die mit Hilfe einer Expertensystem-Shell und Fuzzy Logic in ein benutzerfreundliches System integriert wurden. Die Kostenermittlung erfolgt auf der Basis von Bewertungsindizes, die mit Hilfe einer Kostenfunktion ausgewertet werden. Die Ergebnisse sind entsprechend pauschal und für die Analyse einer Konstruktion nicht zu verwenden.

"Profi 2000" von **Schlaich und Wolf** /Schl89, Wol89/ dient als Diskussionsgrundlage für Entwickler und Fertigungsplaner und beinhaltet Checklisten zur montagegerechten Produktgestaltung. Eine Montagezeit- und -kostenermittlung erfolgt auf der Basis von MTM und kann dadurch eine detaillierte Montageanalyse unterstützen. Nachteilig ist der hohe Eingabeaufwand und die recht langen Programmlaufzeiten.

Das "Design for Assembly Consultation System" (DACON) von **Swift** /Swi83/ und dessen Nachfolger, das "Design for Assembly Expert System" /ABS91/ basieren auf AEM- und DFA-ähnlichen Tabellen, ermitteln mehrere Kennwerte und haben Regelwerke zur Anregung der Konstrukteure integriert. Die Kostenermittlung basiert hauptsächlich auf den Kosten der Zuführeinrichtung, ohne Berücksichtigung des eigentlichen Fügevorgangs.

Lye und Ong /LyO93/ haben eine automatische Teileerkennung programmiert, die auf Basis des CAD-DXF-Files alle Boothroyd-relevanten Daten aus einer Teilezeichnung extrahieren kann. Eine weitere Modifikation der DFA-Vorgehensweise findet nicht statt.

Diese quantitativen Verfahren der Montagebewertung basieren auf einem grundsätzlich analytischen Ansatz, bei dem die Montage einer Baugruppe oder eines Produkts in einzelne Montageteilvorgänge aufgegliedert wird, die individuell auf Basis von SvZ oder eigenentwickelten, vergleichbaren Tabellenwerken bewertet werden. Eine statistisch-basierte, pauschale Ermittlung der Montagekosten für eine Grundgesamtheit von Baugruppen oder Produkten durch Planzeiten wird in keinem der Verfahren durchgeführt. Nur ein Verfahren, das sich für die konstruktionsbegleitende Vorkalkulation nicht eignet, berechnet die detaillierten Prozeßzeiten der Montage.

Die einzelnen Verfahren weisen oft sehr viele Nachteile auf. Allen gemeinsam ist die eingeschränkte Genauigkeit und die fehlende Berücksichtigung der Teilefertigungskosten. Dadurch wird eine isolierte Optimierung der Montagekosten, jedoch keine ganzheitliche Optimierung der Produktkosten erzielt.

2.6 Bewertungsverfahren mit dem Schwerpunkt Teilefertigungskosten

Im Bereich der Teilefertigung lassen sich teilweise die gleichen Methoden der Vorgabezeitermittlung wie bei der Montage anwenden. Die auftretenden Unterschiede der Bewertung von Montage und Teilefertigung und die abzuleitenden Präferenzen werden in diesem Kapitel erläutert. Weitere, auf diesen grundlegenden Methoden basierende Verfahren werden mit der Unterscheidung in qualitative, quantitative analytische und quantitative statistische Verfahren aufgeführt.

2.6.1 Methoden der Vorgabezeitermittlung für die Teilefertigung

Die Vorgabezeitermittlung für die Teilefertigung erfolgt üblicherweise mit der Arbeitsplanerstellung durch die Arbeitsvorbereitung /War93/. Die grundlegenden Methoden zur Ermittlung von Vorgabezeiten Berechnen, Planzeiten, Schätzen und Vergleichen sowie SvZ finden bei der Vorgabezeitermittlung zur Teilefertigung andere Einsatzschwerpunkte als bei der Montage.

Das **Berechnen** auf Basis der maschinenabhängigen Hauptzeiten kann für alle maschinellen Teilefertigungsprozesse angewendet werden, da die entsprechenden Einflußfaktoren im Gegensatz zur manuellen Montage hinreichend genau bekannt sind. Dieses Verfahren wird in der Praxis zur Arbeitsplanung entsprechender Teilefertigungsverfahren sehr häufig eingesetzt. In vielen Fällen lassen sich auch Nebenzeiten nach diesem Prinzip bestimmen, z. B. bei automatischen Handhabungseinrichtungen; alternativ werden statistisch ermittelte Nebenzeiten verwendet.

Planzeiten lassen sich für die Teilebewertung mittels Einflußgrößenrechnung ermitteln /Kie79/. Da die Ähnlichkeit von Einzelteilen im regressions-mathematischen Sinn bei entsprechender Klassierung teilweise sehr groß ist, werden für Forschungsprototypen häufig Verfahren der statistischen Planzeitermittlung eingesetzt. Die Einflußgrößen der Teilefertigung sind einfacher zu definieren als die der Montage und der Aufwand zur Erstellung und Anwendung der Formeln ist akzeptabel. Eine besondere Form der Planzeiten sind Relativkostenkataloge, die einige Einflußgrößen in Form von Kurvenscharen u. ä. Diagrammen aufzeigen. Dabei werden alle Angaben in Relation zu einem Standardobjekt dargestellt.

Das **Schätzen** /Ehr85a/ von Vorgabezeiten für die Teilefertigung wird kaum angewendet, da mit etwas Erfahrung eine grobe Berechnung der Hauptzeit aufgrund der Teile- und Prozeßparameter durchgeführt werden kann. Hier zeigt sich die praktische Nähe der Verfahren Schätzen und Berechnen, die sich aus der Konkretisierung ergibt und einen fließenden Übergang zuläßt.

Systeme vorbestimmter Zeiten haben für die Teilefertigung keine Bedeutung, da in der Teilefertigung durch Verwendung von Maschinen kaum Prozesse anfallen, die vollständig vom Menschen beeinflußbar sind.

Ein Vergleich der vier Methoden zur Vorgabezeitermittlung für die Teilefertigung (Tab. 2) zeigt, daß sich bei hohen Genauigkeitsanforderungen Berechnungsverfahren eignen, die allerdings detaillierte Produktdaten erfordern und daher erst in späten Konstruktionsphasen anwendbar sind. Für die frühe Vorkalkulation sind Planzeiten geeignet, da sie auch mit ungenauen Daten in frühen Konstruktionsphasen eingesetzt werden können.

Methode	Berechnen	Planzeiten	Schätzen	SvZ
analytisch - statistisch	analytisch mit allgemeinen Fertigungsformeln als Grundlage	statistisch	statistisch (mit intuitiver Auswertung von Erfahrungswissen)	statistisch
Verallgemeinerungsniveau	gering (maschinen- und materialspezifisch)	beliebig; je detaillierter, desto genauer	beliebig; je detaillierter, desto genauer	kaum möglich
Aufwand (ggf. mit PC)	abhängig von der Detaillierung dem Ergebnis angemessen	Erstellung hoch, Anwendung gering	je nach Detaillierung und Teamgröße gering bis hoch	-
Genauigkeit	gut	je nach Klassierung gut bis mittel	mittel bis grob	mittel
Rechnereinsatz	möglich/nötig	zur Erstellung notwendig, nicht zur Anwendung	nur zur untergeordneten Unterstützung	wäre notwendig, wird nicht angewendet
Eignung zur Teilefertigung	sehr geeignet, da Einflußfaktoren bekannt sind	je nach Vergleichbarkeit und Genauigkeitsansprüchen geeignet	nicht geeignet, Berechnungen mit ähnlichem Aufwand genauer	kaum geeignet

Tab. 2: Methodenvergleich der Vorgabezeitermittlung für Teilefertigung

Diese grundsätzlichen Methoden werden häufig in weiteren Verfahren eingesetzt, um eine praxisgerechtere Anwendung zu ermöglichen. Auch für die Teilebewertung werden diese Verfahren nach den Kriterien qualitative, quantitative statistische und quantitative analytische Verfahren aufgeführt.

2.6.2 Qualitative Teilefertigungsbewertungsverfahren

Qualitative Teilefertigungsbewertungsverfahren werden kaum angewendet, da eine Vielzahl einfacher, leicht anwendbarer quantitativer Verfahren bekannt ist.

Relativkostenkataloge /DIN32992/ können zur Bewertung von Einzelteilkonstruktionen, aber auch für Baugruppen und konstruktive Einheiten (Lagerung, Verschraubung u. ä.) verwendet werden. In Relativkostenkatalogen sind verschiedene Lösungsvarianten und deren Kosten, bezogen auf einen Standardfall aufgeführt. Relativkosten eignen sich nicht für Kalkulationen, aber zur vergleichenden Bewertung technisch ähnlicher Lösungsvarianten, da sie durch den Bezug zur Standardgröße nur qualitative Aussagen ermöglichen.
Vorteile von Relativkostenkatalogen sind die schnelle und einfache Anwendung sowie die Konstanz der Daten im Vergleich zu *Absolutkosten*. Jedoch ist der Erstellungs- und Aktualisierungsaufwand von Relativkostenkatalogen hoch und aufgrund der hohen Streuungen von Kosten im zwischenbetrieblichen Vergleich firmenspezifisch durchzuführen. Dies führt in Verbindung mit der eingeschränkten Vergleichbarkeit der Lösungen zu einer geringen Einsatzhäufigkeit bei nur 8% der Konstrukteure /Ehr90/.

2.6.3 Quantitative, statistische Teilefertigungsbewertungsverfahren

Die quantitativen Teilefertigungsbewertungsverfahren weisen sowohl statistische als auch analytische Ansätze auf, wobei durch die unterschiedliche Verwendung dieser Ansätze auf der Einzelteil- oder Featureebene auch Mischverfahren vorkommen. Im folgenden wird zur Kategorisierung das anwendungsprozeßbestimmende Charakteristikum herangezogen, das sich aus der Art der Teilekalkulation ergibt.

Zu den einfachsten und verbreitetsten quantitativen, statistischen Bewertungsverfahren der Teilefertigung gehören die **Gewichtskostenmethode** und die **Materialkostenmethode** /Ehr85a, VDI2225/, die mit einfachen Proportionalitäten im vorgesehenen Anwendungsbereich sehr gute Ergebnisse liefern können. Sie basieren auf einem konstanten Anteil der Materialkosten an den Herstellkosten des Einzelteils. Dies ist bei hohen Materialkosten durch Quantität (z. B. schwere Gußteile) oder Qualität (z. B. Edelmetalldrähte) in ausreichendem Maße gegeben.
Kostenwachstumsgesetze basieren auf einfachen Korrelationen der Herstellkosten mit einem produktbeschreibenden Faktor, z. B. dem Durchmesser von Zahnrädern oder der Nennleistung von Maschinen. Hier lassen sich empirisch für einzelne Kostenblöcke einfache Kalkulationsformeln mit linearen, quadratischen, kubischen oder anderen Relationen aufstellen. Auf diese Weise läßt sich anhand eines dominieren-

den Einflußfaktors eine oftmals ausreichend genaue Kalkulationsformel entwickeln. Gewichts- und Materialkostenmethoden sowie Kostenwachstumsgesetze basieren auf konstanten Kostenstrukturen von Erzeugnisgruppen, die bei ähnlichen Produktstrukturen und ähnlichen Herstellungsverfahren gegeben ist /VDI2225/. Werden jedoch entweder die Produktstruktur oder die Herstellungsverfahren in nennenswertem Maße geändert sind diese Methoden nicht mehr ausreichend. Es muß auf andere Methoden zurückgegriffen werden, die durch die Berücksichtigung mehrerer Einflußfaktoren eine höhere Genauigkeit liefern können.

Kurzkalkulationsformeln sind nach /DIN32990/ zeitlich und/oder sachlich vereinfachte Methoden zur Kostenermittlung für einen definierten Kostenträger. In ihnen sind die wesentlichen Zusammenhänge der Kostenverursachung durch die Verknüpfung von Haupteinflußgrößen enthalten. Kurzkalkulationen können unterschiedliche Kostenblöcke abdecken (z. B. Herstell- oder Materialkosten). Sie werden meist mit statistischen Methoden (z. B. Regressionsrechnung) erstellt. Aus den Kalkulationsformeln lassen sich oft im Umkehrschluß Regeln für die konstruktive Gestaltung ableiten. Kurzkalkulationen, die Kostensätze (z. B. für Material oder Personal) enthalten, werden durch die Verwendung aktueller Kostensätze den jeweiligen Verhältnissen angepaßt. Strukturelle Änderungen der Produkte, Bauteile oder Teilefertigungsverfahren müssen dagegen durch erneute Bestimmung der Regressionskoeffizienten, evtl. auch durch gänzlich neues Erstellen der Regressionsformel abgedeckt werden. Als Notbehelf kann ein multiplikativer Jahresfaktor unspezifiziert die allgemeine (Herstellungs-)Teuerung abdecken.

Pacyna /Pac80/ beschreibt Kurzkalkulationsformeln für den Bereich der Gußkalkulation. Er definiert zur Erfassung der vielfältigen Gestalteinflüssen drei Gestaltmerkmale: Gestrecktheit, Dünnwandigkeit und Verpackungssperrigkeit. Weiterhin sind z. B. das Werkstoffvolumen, die Zahl der Kerne, die Zugfestigkeit des Werkstoffs und die Fertigungslosgröße Einflußfaktoren für handgeformte Gußstücke aus Grauguß. Es existieren Kurzkalkulations-Formeln für verschiedene Werkstoffe, für Handformereien sowie niedrig und hoch mechanisierte Fertigung, für Modell- und Teilekosten. Die Genauigkeit der Verfahren ist mit üblicherweise ca. ±10% für die Praxisanforderungen ausreichend. Dies begründet die verbreitete Anwendung dieser Kurzkalkulationsformeln in Gießereien.

Mymrine und Sant /MyS75/ beschreiben die Anwendung einer multiplen, linearen Regressionsanalyse für Kunststoffflaschen mit einheitlicher Klassifizierung. Durch diese Klassifizierung wird eine große Homogenität der Grundgesamtheit erreicht, so daß die hohe Genauigkeit des Verfahrens nicht überraschend ist.

Kiewert /Kie79/ untersucht die Einsatzmöglichkeiten von Regressionsanalysen zur Vorkalkulation im Maschinenbau am Beispiel von Getriebebaugruppen und Zahnrädern sowie Spritzgußteilen. Er stellt fest, daß die Quantität der Einflußgrößen nicht die Qualität des Ansatzes kompensieren kann. Mit ausgewählten Ansätzen lassen sich für die gewählten Teile jedoch ausreichend genaue Kalkulationsformeln erstellen.

Lindemann /Lin80/ untersucht im Rahmen einer konstruktionsmethodischen Arbeit die Vorgehensweisen in der Konstruktion und zeigt am Beispiel von Drehteilen, wie Informationen für Synthese- und Analyseschritte rechnergestützt erarbeitet werden können. Er erstellt mit Hilfe von Regressionsmethoden Kurzkalkulationsformeln und zeigt deren Restriktionen.
Fischer /Fis83/ analysiert sehr detailliert die Kosteneinflußfaktoren von Stirnzahnrädern unter Berücksichtigung von Material-, Technologie- und Geometriefaktoren und erstellt mit Regressionsanalysen Kurzkalkulationen für Stirnzahnräder.
Rutz erarbeitet mit Hilfe der multiplen, nichtlinearen Regression mehrere Formeln zur Kalkulation von Stahlgußteilen /Rut85/. Die Ergebnisse sind genau, der Anwendungsaufwand gering und der Aufwand zur Erstellung der Kalkulationsformeln nach wenigen Monaten amortisiert.
Der Nachteil dieser regressionsbasierten Verfahren ist die eingeschränkte Anwendbarkeit auf das jeweilige analysierte Teilespektrum. Dadurch ist ein recht hoher Anwendungsaufwand erforderlich, um jeweils eine teilegruppenspezifische Analyse durchführen zu können.

Baumann /Bau82/ verwendet zur Erstellung der Kurzkalkulationsformeln von Vorrichtungen Verfahren der Optimierungsrechnung, da dort jeder mathematische Ansatz möglich ist. Die Erstellung der Formel benötigt größeren Rechenaufwand als die Regressionsanalyse. Die Anwendung ist jedoch nur unwesentlich komplexer, so daß der Vorteil der höheren Genauigkeit den zusätzlichen Aufwand in diesem Fall rechtfertigt.
Pickel /Pic89/ und **Hillebrand** /Hil91/ untersuchten im "Methodenbanksystem für die Erarbeitung von Kosteninformationen für Konstruktion und AV" (MEKKA) die Vorkalkulationsmöglichkeiten von Gußteilen. Auch hier wurden Regressions- und Optimierungsverfahren verwendet. Pickel entwickelt ein Methodenbanksystem, das dem Anwender die Erstellung von Kostenfunktionen ohne Programmierkenntnisse erlaubt. Hillebrand verwendet Features zum manuellen Datentransfer aus CAD und verbindet die Kalkulation mit einer Suche nach ähnlichen Teilen (Suchkalkulation). Die ermittelten Kosten werden entweder gleich den Kosten des ähnlichsten Teils gesetzt oder als Interpolation ähnlicher Teile ermittelt.
Auch mit dem Verfahren der Optimierungsrechnung lassen sich die prinzipiellen Nachteile der statistischen Vorgehensweise nicht vermeiden, lediglich die Wahl des Ansatzes ist nicht eingeschränkt. Daher sind auch in diesen Verfahren die Übertragbarkeit und der Anwendungsaufwand entscheidende Nachteile.

Alle Verfahren der statistischen Teilefertigungsbewertung sind damit nur für die analysierte Grundgesamtheit anzuwenden, eine darüber hinausgehende Anwendung z. B. für andere Teileklassen oder eine überbetriebliche Anwendung ist nicht möglich. Die überbetriebliche Anwendung der Gußkalkulationsformeln von Pacyna ist als Ausnahme nur deshalb möglich, da bei den betrachteten Gußteilen überwiegend Materialkosten anfallen und somit die betriebsspezifischen Parameter wie Lohnkosten,

Maschinenstundensätze oder Fertigungszeiten nur von untergeordneter Bedeutung sind. Eine komfortable Ermittlung der Regressionskoeffizienten ist damit für die Anwendung notwendig, wobei die Bereitstellung der Daten ebenso wie die mathematische Analyse berücksichtigt werden müssen.

2.6.4 Quantitative, analytische Teilefertigungsbewertungsverfahren

Quantitative, analytische Teilefertigungsbewertungsverfahren zeichnen sich durch einen analytischen Grundansatz zur Bewertung aus. Dabei wird die Teilefertigung in Fertigungsvorgänge unterteilt, die Bewertung basiert auf der Kalkulation dieser Fertigungsvorgänge mit Formeln, die auch in der Arbeitsvorbereitung verwendet werden oder von diesen abgeleitet sind.

Bemessungsgleichungen /VDI2225/ verknüpfen Formeln zur Material- und Teilefertigungskostenkalkulation mit der technischen Auslegung, z. B. der Festigkeitsberechnung. Dadurch werden technische und wirtschaftliche Faktoren in einer Gleichung verbunden, mit der sich ein ganzheitliches Optimum suchen läßt. Für einfache Aufgaben ist diese Vorgehensweise wirtschaftlich durchzuführen (z. B. Ermittlung des kostengünstigsten Biegeträgers bei Berücksichtigung der Material- und der Oberflächenkosten), der Aufwand steigt jedoch sehr schnell bei realen, komplexen Problemen, die sich mathematisch nicht einfach lösen lassen.

Im "System zur rechnerunterstützten Zeit- und Kostenkalkulation bei Rotationsteilen DREKAL" von **Töhnshoff** /TMP81/ werden das Roh- und Fertigteil durch eine vereinfachte Eingabe von Teilefertigungselementen beschrieben. Maschine, Spannmittel und Arbeitsvorgangsfolge werden im Dialog ermittelt. Schnittaufteilung, Zeit- und Kostenrechnung werden automatisch vom System übernommen. Damit ist DREKAL ein grobes Arbeitsplanungssystem für den Konstrukteur, dessen Teilefertigungselemente Vorläufer heutiger Features sind.
Radermacher /Rad82/ verwendet in einer ähnlichen Vorgehensweise zur Kalkulation in der Entwurfsphase funktionale Gestaltzonen und arbeitsplanähnliche Fertigungsbeschreibungen, die durch ein Entscheidungstabellenset ausgewählt werden.
Kreisfeld /Kre85/ verwendet im Kosteninformationssystem KOINF zur Beschreibung von Drehteilen Hauptelemente, die das Drehteil als Kombination von zylindrischen Grundkörpern darstellen, und Nebenelemente, die die Detaillierung der Hauptelemente mittels Verzahnungen, Nuten, Bohrungen etc. beschreiben. Für diese Elemente wurden mit Regressionsanalysen Kalkulationsformeln erstellt. Durch eine interaktive Auswahl der Featuredaten wurde eine unidirektionale CAD-Anbindung erstellt.
Diese Verfahren zur Vorkalkulation von Teilefertigungskosten von Drehteilen benötigen zur Auswertung der Kurzkalkulationen für die Formelemente entsprechend detaillierte Geometrieinformationen, die vom Anwender interaktiv in das System eingegeben werden müssen. Der Anwendungsaufwand ist daher sehr hoch.

Das Systems DIDACOE (Delft Integrated Design and Cost Optimization Environment) von **Wierda** verwendet zur Kalkulation von Blechteilen die featurebasierte Beschreibung der Teile eines CAD-Systems /Wie90/. Dabei wird das Layout zur Verschnittoptimierung errechnet, die Herstellung der Blechteile in Folgewerkzeugen geplant und deren Kosten kalkuliert.
Die Kalkulation von Stanz- und Tiefziehteilen erfolgt bei **Fogg und Ek** /FoE91/ auf der Basis konventioneller Arbeitsplanung. Die Kostenblöcke Material, Werkzeug, anteilige Maschinenkosten, Rüstkosten und Lohnkosten werden aufgrund konstrukteursbekannter Faktoren errechnet oder teilweise auf der Basis von Schätzwerten (z. B. Werkzeugkosten) verrechnet.
Beide Systeme sind starr auf die jeweiligen Anwendungsfälle ausgerichtet und haben keinerlei Flexibilität andere Objekte oder Verfahren abzudecken, da die Vorkalkulation auf der detaillierten Abbildung der speziellen Verfahrensschritte beruht.

Das Verfahren zur Herstellkostenberechnung HKB /Fer90, Fle90, Fle91, HUF85/ von **Flemming** u. a. erfordert eine genaue Eingabe der Featuregeometrie von Einzelteilen. Für jedes abgebildete Feature ist eine detaillierte Kalkulationsformel auf der Basis der Hauptzeitberechnung, ggf. ergänzt oder vereinfacht mit statistischen Methoden, hinterlegt, die eine detaillierte Kalkulation zuläßt. Die Kopplung zum CAD-System erfolgt durch die manuelle Definition der Features. Die Anwendung ist deshalb für den Konstrukteur recht zeitaufwendig, für die Arbeitsplanung jedoch akzeptabel.
Haasis verwendet im System INFOGUSS /Haa94, Haa95/ die Featureinformation eines erweiterten CAD-Systems, um Gußgehäuse zu kalkulieren. Für die Gußrohlinge werden die Kalkulationsformeln von Pacyna verwendet, die Details der Geometrie werden mit Kurzkalkulationsformeln der Grobarbeitsplanung ergänzt. Der Informationsaustausch mit dem CAD-System erfolgt über File-Transfer.
Wolfram /Wol94/ verwendet im System FEKIS (Featurebasiertes Kosteninformationssystem) Grobarbeitspläne in Kombination mit featurebasierter CAD-Modellierung zur Kalkulation der Fertigungskosten von Sonnenradwellen und anderen Drehteilen. Der Schwerpunkt der Arbeit liegt auf der Problematik von überschneidenden Features, deren Erkennung und Weiterverarbeitung.
Schaal /Scha92/ kombiniert in seinem "Extendierten Kosteninformationssystem" (XKIS) die manuelle CAD-Kopplung von Flemming mit einer Kalkulation der Featurekosten, die featureartspezifisch trainierte neuronale Netze verwendet. Schaal führt mit einem Expertensystem eine Grobarbeitsplanung durch und deckt damit die wesentlichen Einflußfaktoren ab. Auch die Berücksichtigung der Wiederholteilverwendung entspricht dem Grundgedanken, sich auf die Kalkulation der wichtigsten Kostenblöcke zu konzentrieren.
Steiner /Ste95/ vertieft in der Weiterentwicklung von XKIS den Aspekt der Featuremodellierung in CAD zur Kalkulationskopplung, indem er zu jedem Feature die Grobarbeitspläne mit möglichen Teilefertigungseinrichtungen bereithält, um im Bauteilgesamtüberblick die geeigneten Teilefertigungsanlagen auszuwählen. Dabei arbeitet

das Kalkulationssystem mit einem eigenständigen Datenmodell parallel zum CAD-System. Erst die Ergebnisausgabe erfolgt wieder im CAD-System. Eine durchgängige Anwendung der Featuremodellierung wird für eine sinnvolle Integration von Kosteninformationssystem und CAD als notwendig erachtet.
Diese Verfahren der konstruktionsbegleitenden Kalkulation basieren auf der Auswertung der featurebasierten CAD-Modellierung. Zur Kalkulation werden für einzelne Features Arbeitsplanabschnitte verwendet. Dabei liegt der Schwerpunkt der Arbeiten auf den Schnittstellen zum CAD-System, der Featureerkennung und Auswertung. Eine ganzheitliche Kalkulation von Produkten erfolgt nicht, Montagekosten werden nicht berücksichtigt.

Büttner et al. verwenden zur Kalkulation von Sondergetrieben ein neuronales Netz /BKB95/. Die Anwendung für die Konstruktionsbewertung ist durch einen summarischen Ergebniswert allerdings eingeschränkt.

Romanow /Rom94, MiR93, ReR94/ betrachtet in seinem Kalkulationssystem komplette Werkzeugmaschinen. Die Teilefertigungskosten werden auf der Grundlage von Werkstückgröße und -gewicht, Oberflächenmaßen und -toleranzen sowie Fertigungsverfahren, die Materialkosten aus dem Bauteilvolumen und dem Materialkostensatz berechnet. Zur Modellierung des Produktmodells wird ein parametrisches CAD-System verwendet, aus dem die notwendigen Daten extrahiert werden. Die Integration von Absolutkosten für Zulieferteile erweitert die Möglichkeiten Varianten zu untersuchen. Montagekosten werden nur pauschal von ähnlichen Baugruppen übernommen

Boothroyd /BDK94, BoD96, BoD90, Kob92/ vertreibt zusätzlich zum oben genannten Montagekostenkalkulationsprogramm ein separates Programmpaket zur Kalkulation von Einzelteilen "Design for Manufacturing" (DFM). Dort werden die Verfahren Kunststoffspritzguß, Druckguß, Blechbearbeitung, Sintern und spanende Bearbeitung nach den Prinzipien einer frühen und groben Arbeitsplanung kalkuliert. Die Detaillierungsgrade der Fertigungsverfahren sind sehr unterschiedlich, entsprechend werden teilweise umfangreiche Datenbanken mit Materialdaten, Maschinendaten und sonstigen Kostensätzen benötigt. Der Anwender kann diese Datenbanken ergänzen, jedoch nicht strukturell verändern. Die Pflege dieser Datenbanken ist durch Umfang und Detaillierungsgrad recht aufwendig. Die teilweise detaillierten Auswertungen erfordern eine fortgeschrittene Konstruktion der Einzelteile, die von einem Team von Konstrukteuren und AV-Fachleuten mit Systemunterstützung analysiert werden.

Schlüter /Schl80/ betrachtet mit Spritzgußwerkzeugen ein außergewöhnlich komplexes Objekt. Durch Unterteilung in vier Kalkulationsgruppen (Formnest, Grundfunktionseinheiten, Grundaufbau und Sonderfunktionen) und deren weitere Untergliederung (z. B. Formnest mit den Einflußfaktoren Konturtiefe, Oberflächengröße, Oberflächengüte, Toleranz u. a.) verwendet er konstruktionsnahe Begriffe und kann für diese Details auf etablierte Kalkulationsformeln zurückgreifen.

Das "Mould Engineering & Technical Information System" METIS von **Brunkhorst** /Bru95/ dient zur Erstellung von Angeboten für Spritzgußwerkzeuge. Ein Set von Angebotskalkulationsblättern mit AV-basierten Kalkulationsformeln erlaubt die vollständige hierarchische Abbildung vom Produkt bis zum fertigungstechnischen Feature. Ein System zur Ähnlichkeitssuche, das bezüglich des geforderten Detaillierungsgrades und der Ähnlichkeitskriterien angepaßt werden kann, ist in METIS ingetriert.
Beide Verfahren zur Kalkulation von Spritzgießwerkzeugen verwenden im Detail konventionelle Kurzkalkulationsformeln. Die Stärke liegt in der vollständigen Abbildung der Spritzgußwerkzeuge und der technologischen Abhängigkeiten innerhalb der Werkzeuge. Eine direkte Bewertung von konstruktiven Varianten läßt sich mit beiden Systemen nicht vornehmen.

Das System CADKALK /Mei92/ von **Meinecke** verwendet eine relationale Datenbank mit Kurzkalkulationsformeln zur konstruktiven Vorkalkulation von Einzelteilen. Der Schwerpunkt der Arbeit liegt auf der umfassenden betriebswirtschaftlichen Aufbereitung der Kostendaten getrennt nach variablen, fixen, Teil- und Vollkosten sowie Kostenarten. Über die Datenbank ist das System in eine CIM-Umgebung zu integrieren. Die verwendeten Regressionsformeln sind nur für die Kalkulation von Gelenkwellen.

Mit der "Graphisch interaktiven Simulation und Animation" (GISA) berechnen **Eversheim und Fuhlbrügge** /EvF94/ Produktkosten in Abhängigkeit von Produkt- und Produktionsparametern, wobei eine detaillierte Prozeßanalyse und eine darauf basierende Kostenrechnung verwendet werden. Die detaillierten Prozeßgerüste sind durch ihren hohen Anwendungsaufwand für die Konstruktion nicht geeignet.

Das Programm KICK von **Koch** u. a. /KFJ94, FKH94/ versucht mit Hilfe von Prozeßkosten, die auf Produktionsverfahren, Ressourcen und Zeitgerüste aufbauen, den Konstrukteur für die Auswirkungen seiner Entscheidungen zu sensibilisieren und zur Suche kostengünstiger Alternativen zu motivieren. Dazu sind vom Anwender die notwendigen Prozesse auszuwählen und zu detaillieren.
Ähnlich geht das System PICANT /Eit96, SchmE95a, SchmE95b/ von **Schmidt und Eitrich** vor, das für den Anwendungsbereich der Vorkalkulation von Einzelteilen und Baugruppen aus faserverstärkten Verbundwerkstoffen in der Luft- und Raumfahrtindustrie auf der Basis von Prozeßkosten ausgelegt ist. Für die Prozesse sind einzelne Kurzkalkulationsformeln mit regressionsmathematischen Methoden erarbeitet worden. Die Anwendung sollte im Team erfolgen und das System als Diskussionsgrundlage verwenden.
Beide Systeme erfordern die komplette Durchführung der Prozeßplanung und sind für die Vorkalkulation in der Konstruktion sehr aufwendig.

Das "Management Decision Support"-System von **Westkämper** u. a. /Wes96/ betrachtet aus dem Blickwinkel eines Entwicklungsprojekts umfassend die Prozesse der Produktentstehung, wobei Fragestellungen nach Wirtschaftlichkeitszeiträumen und Umsatzrendite oder Auswirkungen des Projekts auf die Auslastung der Produktion im Vordergrund stehen. Dazu werden Kenndaten bereits abgeschlossener, ähnlicher Projekte verwendet. Durch diese sehr breite Sichtweise ist das System für die detaillierten Fragestellungen der Konstruktion nicht geeignet.

Ein weiteres, der Kostenbewertung verwandtes System ist die Expertensystem-Shell von **Bock** u. a. /BBS90, Boc95/, das auf der Basis der vorliegenden Eingangsinformationen die Auswahl des passenden Kalkulationsverfahrens vornimmt. Zur Kalkulation selbst werden konventionelle Verfahren vorgeschlagen. Da Kosten nur als ein Kriterium zur Analyse des Integrationsbedarfs des Systems mit anderen CIM-Komponenten verwendet werden, sind die Verfahren der konstruktionsbegleitenden Kalkulation nicht näher spezifiziert.

Ähnlich stellt der "Cost & Manufacturability Guide" (CMG) /Gif91, Vil87/ der US-amerikanischen Firma **Cognition** eine Expertensystem-Shell dar, die eine komfortable Arbeitsumgebung für den Konstrukteur bereitstellt, in der er bekannte Kurzkalkulationen, Kostengesetze und andere mathematische Zusammenhänge integrieren kann, um damit Optimierungsrechnungen ähnlich der Bemessungslehre durchzuführen. Eine integrierte Geometriemodellierung, Schnittstellenmöglichkeiten zu Datenbanken für Material- und Teilekosten und vielfältige Simulationsmöglichkeiten für dynamische und statische Untersuchungen runden das System ab. Die als bekannt vorausgesetzten Eingabeformeln sind jedoch in Betrieben selten verfügbar, Montageaufwände können nach dieser Vorgehensweise kaum kalkuliert werden.

Absolutkostenkataloge, die Kostenangaben in DM - bezogen auf eine Einheit - enthalten (z. B. Stammdatensätze mit Kosteninformationen oder Preislisten für Zukaufteile), werden in Unternehmen häufig eingesetzt (> 50% Anwendungshäufigkeit /Ehr90/). Diese Informationen sind einfach zu erhalten, ohne Aufbereitung anwendbar, werden meist routinemäßig aktualisiert und können vom Konstrukteur für beliebige Aufgabenstellungen benutzt werden. Nachteilig ist der oftmals hohe Anwendungsaufwand, um die gewünschten Informationen zu finden und die eingeschränkte Anwendung auf Norm-, Standard- und Wiederholteile.

Quantitative, analytische Verfahren der Vorkalkulation sind durch ihren prozeßorientierten Ansatz der Vorgehensweise der AV ähnlich. Durch diese detaillierte Analyse wird eine große Genauigkeit erzielt, die allerdings einen hohen Anwendungsaufwand erfordert. Die automatische Erstellung von Teilarbeitsplänen durch die Analyse von featurebasierten CAD-Modellen ist hierzu nur eine mittelfristige Lösung, da diese CAD-Systeme noch nicht zur Verfügung stehen /Schie94/.

Zusammenfassend läßt sich für die Vorkalkulation von Teilefertigungskosten feststellen, daß die Ansätze je nach Methode und nach Einsatzzeitpunkt im Konstruktionsprozeß in unterschiedlichem Maß auf Grundlagen der Arbeitsvorbereitungskalkulation oder auf meist regressionsmathematisch ermittelten Formeln basieren. Die Erstellung der Regressionsformeln oder die Auswertung der Detailarbeitspläne wird erst durch die Anwendung des Rechners im notwendigen Umfang möglich. Einfachstes Hilfsmittel der Vorkalkulation sind Absolutkostenkataloge, die bei Verwendung von Norm-, Standard- und Wiederholteilen eine hohe Genauigkeit aufweisen.

2.7 Bewertung des Stands der Technik

Trotz der Vielzahl der Kalkulationsverfahren und der Kosteninformationssysteme wird der Informationsbedarf der Konstrukteure nur zu einem Drittel des gewünschten Umfangs gedeckt /Ehr90/. Qualitative Verfahren sind dabei für die Anforderungen meist nicht ausreichend. Quantitative Verfahren benötigen zur Anwendung fast ausnahmslos Rechnerunterstützung, so daß die analysierten Kosteninformationssysteme zum zentralen Lösungselement der konstruktionsbegleitenden Kalkulation werden.

Doch die durchgeführte Analyse der Funktionalitäten bekannter Kosteninformationssysteme und die Kritik in der Literatur (besonders /Ehr90, Gra92, GIS94, ReR94, SchmE95b, Wol89/) ergeben vielfältige Schwachstellen, die gegen den industriellen Einsatz sprechen:

Die zentrale Kritik bezüglich Kosteninformationssystemen betrifft den Bereich der **konstruktionsprozeßnahen Funktionalität**:

- ❑ Die meisten Verfahren berücksichtigen nur Teilefertigung oder Montage. Die Kompensation von Vorteilen eines Bereichs durch die Nachteile des anderen Bereichs wird nicht erfaßt und Interdependenzen werden nicht abgebildet.
- ❑ Viele Verfahren sind nur in einzelnen Konstruktionsphasen anwendbar, meist mit hohem Detaillierungsgrad, kaum in den frühen Phasen.
- ❑ Es werden nur einzelne Montage- oder Teilefertigungsverfahren berücksichtigt, so daß keine vollständige Kalkulation erfolgen kann.
- ❑ Viele Systeme geben starre Ablaufpläne einer Anwendung vor, die die Kreativität der Anwender einschränken kann.
- ❑ Eine Anpassung der Kalkulationsfunktionen an die Spezifika eines Unternehmens ist nicht oder nur sehr aufwendig möglich.
- ❑ Wiederhol- und Zukaufteilverwendung wird von den meisten Systemen nicht unterstützt, da keine Absolutkostenkataloge enthalten sind. Dadurch entfällt ein wesentlicher Ansatz zur Reduzierung der Teilevielfalt im Betrieb.
- ❑ Die meisten Systeme zeigen nur Schwachstellen auf, sie bieten keine Hilfen zur Produktoptimierung wie z. B. Regelwerke.

Für die Interpretationsfähigkeit der Ergebnisse sind die eingesetzten **Kalkulationsmethoden** entscheidend. In diesem Bereich sind meist folgende Mängel anzutreffen:

- ❑ Eine detaillierte Kostenaufschlüsselung nach den Erfordernissen der Konstruktion wird kaum angeboten.
- ❑ Die Integration von Zielkosten in Kalkulationsprogramme fehlt meist.
- ❑ Die notwendige Genauigkeit wird trotz geringer Anforderungen nicht von allen Verfahren erzielt.

- Die notwendige Objektivität ist nicht bei allen Verfahren gegeben, da zur Bewertung neben objektiven Kriterien teilweise subjektive, vom Anwender aufgrund von Regeln festzulegende Werte verwendet werden.
- Die verwendete Kostenrechnung ist wenig aussagekräftig, da oftmals eine einfache Zuschlagskalkulation eingesetzt wird. Der Einsatz von Prozeßkosten, auch auf grundlegendem Niveau, findet nicht statt.

Weitere Kritikpunkte an Kosteninformationssystemen betreffen die **DV-Technik und -Integration** der Software:

- Die Erweiterbarkeit der Systeme ist kaum möglich.
- Eine Weiterverwendung der Ergebnisse, z. B. als Grundlage für AV-Überlegungen, ist meist nicht vorgesehen, entsprechende Schnittstellen zur Integration in bestehende DV-Strukturen fehlen.
- Für viele Verfahren ist keine Software-Unterstützung vorhanden, obwohl damit eine erhebliche Steigerung der Anwenderakzeptanz erreicht werden könnte. Nur wenige Systeme werden kommerziell vertrieben.
- Schnittstellen zu CAD-Systemen sind kaum realisiert. Die Anwendung ist meist auf die Kalkulation von Teilefertigungskosten beschränkt.
- Viele Programme sind nur auf einzelnen Rechnerklassen lauffähig, die im Konstruktionsbereich nicht immer zur Verfügung stehen.

Für die praktische Einführung und Anwendung von Verfahren und Programmen zur kostengerechten Konstruktion sind jedoch nicht nur verfahrens- und software-technische Mängel ausschlaggebend. **Organisatorische Schwächen** können den Erfolg einer Implementierung schon vor Projektstart behindern und langfristig zum Scheitern des Kosteninformationssystems führen.

- Kosteninformationssysteme werden meist zur Unterstützung eines einzelnen Anwenders entwickelt und eingesetzt. Die besten Erfolge erzielen jedoch Verfahren, die als Katalysator für Teamarbeit eingesetzt werden.
- Wie bei anderen neuen Software-Werkzeugen auch, ist die Einführung von Kosteninformationssystemen ein langfristiger und komplexer Prozeß, dessen Erfolg wesentlich von der Motivation und Schulung der Anwender abhängt.
- Die zusätzlichen Aufwände zur Anwendung von Kosteninformationssystemen müssen geplant und akzeptiert werden.

Eine Übersicht von Methoden und Verfahren zur kostengerechten Konstruktion gibt Tabelle 3. Alle aufgeführten Methoden und Verfahren sind nach Kriterien der drei Bereiche konstruktionsprozeßnahe Funktionalität, DV-Technik und Kalkulationsmethode bewertet. Bei den meisten Methoden und Verfahren zeigen sich erhebliche Schwächen, die für den geringen Einsatz in der Praxis ursächlich sind.

Übersicht von Methoden und Verfahren zur kostengerechten Konstruktion

Darstellung der qualitativen Beurteilung

● = Kriterium wird vollständig oder nahezu vollständig erfüllt
○ = Kriterium wird teilweise erfüllt
= Kriterium wird nicht oder praktisch nicht berücksichtigt

Autor (Name des Verfahrens), /Quellen/ bzw. Name d. Methode/Verfahrens, /Quellen/	Konstruktionsprozeßnahe Funktionalität												Kalkulationsmethoden					DV-Technik u. -Integrat.				
	pauschal über gesamtes Objekt	Montage allgemein/mehrere Verf.	Fertigung allgemein/mehrere Verf.	Anwendung in der Konzeptionsphase	Anwendung in der Entwurfsphase	Anwendung i. d. Ausarbeitungsphase	Strukturierter Bewertungsablauf	Iterative Anwendung	mögliche Anwendung im Team	Anpassbarkeit an Firmenspezifika	Förderung Wiederhol- und Zukaufteile	Integration von Regelwerken	detaillierte Kostenaufschlüsselung	Zielkostenintegration	Genauigkeit	Objektivität	Prozeßkostenrechn. f. Gemeinkosten	Erweiterbarkeit	Weiterverwendung durch AV	Software verfügbar	Schnittstelle zu CAD	Software-Portabilität
Ende, /End80/		●			○	●	●	●	●	○		○			○	○		○				
Gairola, /Gai81/		○			○	●	●	●	○			○			●	●						
Witte (EDA), /Wit83/		○			○	●	●	●	○		○	○	○		●	●			○	○		
Lotter, /Lot86/		●		○	●	●	●	●	○	○		○			○	○		●	○			
Bäßler, /Bäß88/		○		○	●	●	●	●	○			○	○	●	○	○			○			
Sturges und Kilani (IDEARS), /StK92/		●		○	●		●	●	○						○	○				○		
Boothroyd (DFA), /Bak91, BDK94, Con92/		●		○	●	●	●	●	●	●	○	○	●		●	●				●	○	○
Hitachi (AEM), /MiT87, MOI90/		○		○	●	●	●	●	○	○					○	●				●		○
Dahl (DEMOS), /Dah90/		○		○	●	●	●	●	○	○	○		●		○	●				○	●	
Hartmann (MOMO), /Har93/		●			○	○	●	●	○	●			●		●	●	●	○	○	○		
Ishii (DAISIE), /IAB88/		●		○	●	●	●	●	●	●	○	○	●		●	●				○		
Schlaich und Wolf (Profi 2000), /Schl89, Wol89/		○		○	●	●	●	●	○		○	●	●		●	●			○	○		
Swift (DACON), /Swi83/		○		○	●	●	●	●	●	○	○	●	○		●	●				○		
Relativkostenkataloge, /DIN32992/	○	○	○	○	○	○	○		○	○	○					○		○	○			
Gewichtskostenmethode, /Ehr85a, VDI2225/	●			●	●	○	○	○	○	●						●		○				
Materialkostenmethode, /Ehr85a, VDI2225/	●			○	●	○	○	○	○	●						●		○				
Kostenwachstumsgesetze, /Ehr85a, VDI2225/	●	○	○	●	●	●	○	○	○	●					○	●		○				
Kurzkalkulationsformeln, /DIN32990/	●	○	●	●	●	●	○	○	○	●			○		○	●		●	○			
Pacyna, /Pac80/				○	●	○	○	○	○	○					○	●		○				
Mymrine und Sant, /MyS75/					●	○	●	●	○				○		○	●				○		
Kiewert, /Kie79/			○		○	●	●	●	○	○			○		○	●		○		○		
Lindemann, /Lin80/			○		○	●	●	●	○	○					○	○		○		○		
Fischer, /Fis83/			○		○	●	●	●	○	○			○		○	●		○		○		
Rutz, /Rut85/					○	●	●	●		○			○		●	●		○		○	○	
Baumann, /Bau82/			○		○	●	●	●	○	○			○		●	●		○		○		
Pickel+Hillebrand (MEKKA), /Pic89, Hil91/			○		○	●	●	●	○	○			○		●	●		○		○	○	
Bemessungsgleichungen, /VDI2225/			●		○	●	○	○	○	●					●	●		●				
Töhnshoff (DREKAL), /TMP81/					○	●	●	●	○				○		●	●			●	○		
Radermacher (REKOST), /Rad82/			●	○	●	○	●	○	○	○			○		○	●		○		○		
Kreisfeld (KOINF), /Kre85/					○	●	●	●	○	○			○		○	●		○	○	○	○	
Wierda (DIDACOE), /Wie90/					○	●	●	●	○	○			●		●	●		○	○	○	○	
Fogg und Ek, /FoE91/			○		○	●	●	●	○	○			●		●	●		○	○	○		
Flemming u. a. (HKB), /Fer90, Fle90, Fle91 u. a./			●		○	●	●	●	●	●			●		●	●			●	●	○	○

Tab. 3a: Methoden- und Verfahrensübersicht zur kostengerechten Konstruktion (Teil a)

Übersicht von Methoden und Verfahren zur kostengerechten Konstruktion Darstellung der qualitativen Beurteilung ● = Kriterium wird vollständig oder nahezu vollständig erfüllt ○ = Kriterium wird teilweise erfüllt = Kriterium wird nicht oder praktisch nicht berücksichtigt Autor (Name des Verfahrens), /Quellen/ bzw. Name d. Methode/Verfahrens, /Quellen/	Konstruktionsprozeßnahe Funktionalität												Kalkulationsmethoden					DV-Technik u. -Integrat.				
	pauschal über gesamtes Objekt	Montage allgemein/mehrere Verf.	Fertigung allgemein/mehrere Verf.	Anwendung in der Konzeptionsphase	Anwendung in der Entwurfsphase	Anwendung i. d. Ausarbeitungsphase	Strukturierter Bewertungsablauf	Iterative Anwendung	mögliche Anwendung im Team	Anpassbarkeit an Firmenspezifika	Förderung Wiederhol- und Zukaufteile	Integration von Regelwerken	detaillierte Kostenaufschlüsselung	Zielkostenintegration	Genauigkeit	Objektivität	Prozeßkostenrechn. f. Gemeinkosten	Erweiterbarkeit	Weiterverwendung durch AV	Software verfügbar	Schnittstelle zu CAD	Software-Portabilität
Haasis (INFOGUSS), /Haa94, Haa95/			●	○	●	○	●	●	○	○			○		○	●		○		○	○	
Wolfram (FEKIS), /Wol94/			○		●	○	●	●	○	○			○		●	●		○	●	○	●	○
Schaal (XKIS), /Scha92/			○		○	●	●	●	○	○			●		●	●		○	●	○	○	
Steiner (XKIS), /Ste95/			○		○	●	●	●	○	○			●		●	●		○	●	○	●	
Büttner et al, /BKB95/	●			●	○		●	●	○	○					○	●		○		○		
Romanow, /Rom94, MiR93/			●	○	●	○	●	●	○	○	○		○		○	●		○		○	●	
Boothroyd (DFM), /BDK94, Kob92/			●	○	●	●	●	●	●	●			●		●	●			○	●		○
Schlüter , /Schl80/				○	●	○	●	●	○	○			●		●	●			○	●		
Brunkhorst (METIS), /Bru95/		○	○				●	●	○	○				●	○	●		○		○		
Meinecke (CADKALK), /Mei92/			○	○	○	○	●	●	○	○	○		●		○	●				○	○	
Eversheim + Fühlbrügge (GISA), /EvF94/	○	○	●			○	●	●	○	○			●		○	●	●	○	○	○		
Koch u. a. (KICK), /KFJ94, FKH94/		○	○	○	●	○	●	●	○	●	○		●	○	○	●	●	○	○	○		
Schmidt + Eitrich (PICANT), /SchmE95a/		○	○	○	○		●	●	●	●	○		○		○	●	●	○	○	○		
Westkämper u. a. (MDS), /Wes96/		○	○	○	○		●	●	○	●	●		●	○	●	●	○	○	○	○		○
Bock (XPS), /BBS90/			○	○	○	○	●	○	○	○			○		○	●		●		○		
Cognition (CMG), /Gif91, Vil87/		○	○	○	●	○	●	●	○	●		○	○		○	●		●		●	○	○
Absolutkostenkataloge	○	○	○	○	○	○	○	○	○	○	○		○		●	●		●	●	○	○	

Tab. 3b: Methoden- und Verfahrensübersicht zur kostengerechten Konstruktion (Teil b)

Insgesamt wird festgestellt, daß die Anwendung von Methoden und Verfahren zur kostengerechten Kalkulation nicht nur von der direkten Bewertungsfunktionalität abhängig gemacht werden kann. Eine ausreichende Integration in den Konstruktionsprozeß durch entsprechende Funktionalität ist dabei sehr wichtig. Für die Verfahren mit Software-Unterstützung, die Kosteninformationssysteme, wird darüber hinaus eine datentechnische Integration in ein CIM-Konzept erwartet und ist in vielen Bereichen auch hilfreich. Aber auch die Verwendung einer verursachungsgerechten und gleichzeitig für den Konstrukteur transparenten Kostenrechung ist entscheidend für die Akzeptanz der Systeme bei allen Beteiligten in der Praxis.

Vor diesem Hintergrund der schwerwiegenden Schwachstellen bekannter Verfahren und Systeme wird im folgenden die Konzeption eines Verfahrens zur integrierten Produktvorkalkulation entwickelt.

3 Konzeption eines Verfahrens zur integrierten Produktvorkalkulation

In diesem Teil der Arbeit wird das Verfahren zur integrierten Produktvorkalkulation konzipiert. Dazu wird zunächst das Anforderungsprofil erstellt. Darauf aufbauend werden die Grundlagen eines Prozesses der kostengerechten Konstruktion mit integrierter Vorkalkulation entwickelt und die dazu notwendigen Basismethoden zur Kalkulation von Montage-, Teilefertigungs- und Materialkosten ausgewählt. Diese Verfahrensgrundlage wird zur Komplettierung und zur Umsetzung in ein Kosteninformationssystem um weitere Methoden zum Gesamtverfahren ergänzt, deren Zusammenwirken in einer Anwendungsübersicht aufgezeigt wird.

3.1 Herleitung des Anforderungsprofils

Aus den Schwachstellen der analysierten Methoden und Verfahren ergeben sich die Anforderungen an die **konstruktionsprozeßnahe Funktionalität** eines Kosteninformationssystems:

- ❑ Um eine ganzheitliche Kalkulation von Baugruppen und Produkten zu ermöglichen, ist die Berücksichtigung von Material-, Teilefertigungs- und Montagekosten erforderlich. Dazu sind jeweils Kalkulationsverfahren notwendig, die in eine gemeinsame Kostenübersicht münden, um die Abbildung der Interdependenzen zu ermöglichen.
- ❑ Ein Kosteninformationssystem sollte alle Konstruktionsphasen unterstützen.
- ❑ Allgemeine bzw. verschiedene Methoden zur Montage- und Teilefertigungskalkulation sollten einen breiten Ausschnitt möglicher Montage- und Teilefertigungsverfahren abdecken.
- ❑ Die Anwendung des Kosteninformationssystems sollte in einem strukturierten Anwendungsprozeß erfolgen. Abweichungen hiervon, z. B. zur Optimierung in Iterationsschleifen, sollten jedoch möglich sein.
- ❑ Die Verwendung von Wiederhol- und Zukaufteilen ist zu fördern, dazu sind entsprechende Daten mit Absolutkostenangaben notwendig, die auch aktuell und ausreichend detailliert sein sollten.
- ❑ Regelwerke mit allgemeinen und betriebsspezifischen Regeln zur montage- und teilefertigungsgerechten Konstruktion sollten Systembestandteil sein, um dem Anwender das Ausweichen auf Handbücher u. ä. zu ersparen. Die Regeln sollten leicht ergänzt und verändert werden können.
- ❑ Durchgeführte Überlegungen, z. B. eine grobe Montageplanung, sollten von nachfolgenden Abteilungen weiterverwendet werden können.
- ❑ Ein System sollte sich für den selbständig arbeitenden Konstrukteur sowie für die Teamarbeit eignen. Für das Team steht das Medium zur strukturierten Kommunikation im Vordergrund, für die Einzelperson die Funktionalität.

Weitere Anforderungen an Kosteninformationssysteme ergeben sich aus den Nachteilen der eingesetzten **Kalkulationsmethoden**:

- Eine detaillierte Kostenaufschlüsselung sollte die Zusammenhänge von einzelnen Eingaben und den kalkulierten Kosten transparent machen.
- Für eine zielgerichtete Arbeitsweise sollten Zielkosten mitgeführt werden.
- Die Genauigkeit der Ergebnisse sollte eine zuverlässige Interpretation ermöglichen (nach /Ehr90/ ist ein Fehler kleiner 8% meist ausreichend).
- Um eine Reproduzierbarkeit von Kalkulationsergebnissen auch zwischen verschiedenen Anwendern sicherzustellen, dürfen keine subjektiven Bewertungen verwendet werden.
- Ansätze der Prozeßkostenrechnung sollten die übliche Zuschlagskalkulation ergänzen, um eine verursachungsgerechte Kostenrechnung zu fördern.

Für eine effiziente Entwicklung und Anwendung eines Kosteninformationssystems sind Anforderungen an die **DV-Technik und -Integration** zu berücksichtigen:

- Kurze Zugriffszeiten und geringer Eingabe- und Aktualisierungsaufwand sind für die Anwendung die wichtigsten direkt durch die DV-Technik zu beeinflußenden Faktoren /Ehr90/.
- Firmenspezifische Anpassungen und Erweiterungen sollten möglich sein.
- Eine angemessene Schnittstelle zu CAD-Systemen sollte vorhanden sein.
- Zur Bereitstellung der notwendigen Daten (z. B. Stammdaten von Wiederholteilen) sind entsprechende Schnittstellen zu CIM-Modulen oder die Verwendung einer gemeinsamen Datenbank als Plattform zu fordern.
- Eine anwenderfreundliche Benutzungsoberfläche, mit geringem Einarbeitungsaufwand, einfacher Handhabung und komfortablen Hilfefunktionen ist Grundlage der Benutzerakzeptanz.
- Die Portabilität der Software auf verschiedene Rechnersysteme erleichtert den Einsatz und die Integration.

Die Zusammenfassung der Anforderungen an praxisorientierte Kosteninformationssysteme ist in Bild 14 zu sehen.

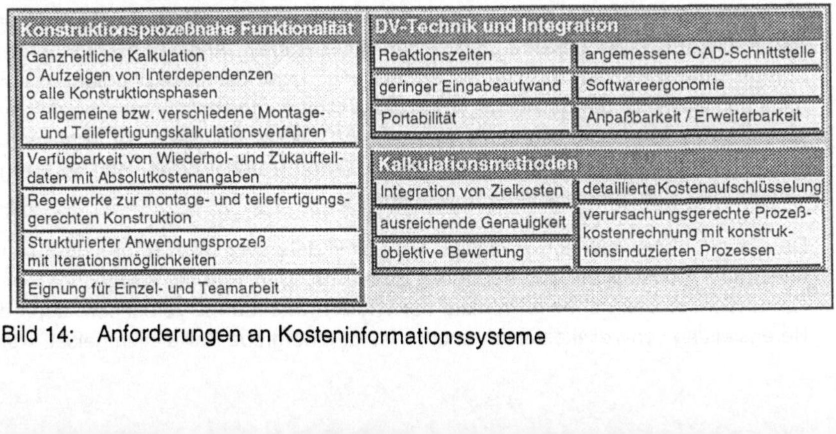

Bild 14: Anforderungen an Kosteninformationssysteme

In der Übersicht ist zu erkennen, daß als Kern der konstruktionsprozeßnahen Funktionalität eine ganzheitliche Kalkulation notwendig ist. Diese erfordert eine Kalkulation aller wesentlichen Kostenblöcke in allen Konstruktionsphasen, die in ein Gesamtkonzept integriert sein müssen, um Interdependenzen aufzeigen zu können. Diese integrierten Methoden und Verfahren sind ihrerseits in den Konstruktionsprozeß und das Konstruktionsumfeld zu integrieren, um die weiteren Anforderungen eines Kosteninformationssystems erfüllen zu können.

Unter einem integrierten Verfahren zur Produktvorkalkulation wird daher im folgenden ein Verfahren verstanden, das sowohl die grundlegenden Methoden und Verfahren in ein Gesamtverfahren integriert als auch dieses Gesamtverfahren in den Konstruktionsprozeß und das Konstruktionsumfeld integriert. Mit einem integrierten Verfahren zur Produktvorkalkulation kann somit praxisgerecht eine systematische, kostengerechte Bewertung im Produktentstehungsprozeß unterstützt werden. Ein solches integriertes Verfahren zur Produktvorkalkulation wird im folgenden entwickelt.

3.2 Der Prozeß der kostengerechten Konstruktion mit integrierter Vorkalkulation

Auf der Grundlage des Anforderungsprofils und der zur Verfügung stehenden Methoden zur konstruktionsbegleitenden Kalkulation ergibt sich für die Neukonstruktion folgende Vorgehensweise (Numerierung der Phasen nach Bild 8, Seite 12):

Konzeptionsphase

In Phase 2.5 "Lösungsprinzipien auswählen" werden bei der ersten Bewertung die grundlegenden Entscheidungen für ein Lösungsprinzip getroffen. Dabei werden generelle Erfahrungen zu den Lösungsprinzipien herangezogen, die Bewertung ist meist vom Konstrukteur einfach durchzuführen. Eine detaillierte Bewertung im Hinblick auf Fertigung, Montage und Kosten findet in der Regel nicht statt, sollte sie notwendig sein, ist eine weitere Detaillierung zu erarbeiten.

In der Phase 2.8 "Konzeptvarianten bewerten und auswählen" liegen gegenüber der Phase 2.5 "Lösungsprinzipien auswählen" grobmaßstäbliche Skizzen bzw. Schemata vor /VDI2222/. Bestehen diese Konzeptvarianten aus bekannten Bausteinen, so sind deren Einkaufspreise bekannt oder lassen sich ermitteln. Andererseits können aus den grobmaßstäblichen Skizzen die Abmessungen und damit die ungefähren Volumina und Gewichte der Einzelteile sowie die Werkstoffarten entnommen werden, woraus sich die Materialkosten ermitteln lassen /VDI2222/. Auf Basis der Kostenstrukturen ähnlicher Objekte und der Teilefertigungs- und Materialkosten kann auf die gesamten Herstellkosten geschlossen werden.

Daraus ergibt sich die Notwendigkeit, die Stammdaten von Wiederhol- und Zukaufteilen dem Konstrukteur zur Verfügung zu stellen. Damit ist der Konzeptions- und Kalkulationsprozeß mit dem Problem der **Wiederholteilsuche** verbunden, denn die Bereitstellung von Teilekosteninformation ist für eine grobe Kalkulation gelöst, wenn

der Anteil von Wiederhol- und Zukaufteilen im Produkt hoch bzw. die Ähnlichkeit von Neuteilen zu Wiederhol- und Zukaufteilen groß ist.
Für eine provisorische **Materialkostenkalkulation** werden die ungefähren Volumina der Einzelteile und die Kostensätze verschiedener Werkstoffarten benötigt.

Die Kostenbeeinflussung in der Konzeptionsphase erfolgt primär durch die Definition der Produktstruktur, indem die Zahl und Art der Einzelteile durch das Konstruktionsprinzip (Integral- oder Differentialbauweise, Baukasten-, Baureihensystem u. ä.) sowie deren prinzipielle Anordnung definiert wird. Durch diese zentralen Entscheidungen werden wesentliche Kostenanteile bereits in dieser frühen Konstruktionsphase festgelegt.

Entwurf

Im Entwurf wird ein qualitativ funktionierendes Produktkonzept in ein quantitativ funktionierendes und fertigbares Gebilde überführt, indem es weiter detailliert und optimiert wird /Ehr95/. In der Bewertungsphase 3.3 "Auswählen geeigneter Teilentwürfe" kann daher bereits auf eine Produktstruktur zurückgegriffen werden, so daß die Montage grob beschreibbar ist. Die neu definierten Einzelteile stehen mit der grundlegenden Gestalt und den Dimensionen fest, so daß eine zumindest vorläufige Klassifizierung erfolgen kann.
Mit weiter detaillierten Entwürfen steigt der Konkretisierungsgrad der vorhandenen Struktur- und Einzelteilinformationen. Damit können in der Phase "Kontrollieren und Verbessern der Entwürfe" verbesserte Kalkulationen erfolgen.

Durch die Vervollständigung der Produktstruktur und die Detaillierung der Einzelteile lassen sich nun die **Montagekosten** kalkulieren, da der Konstrukteur mit diesen Informationen die Montagereihenfolge sowie die **Montagevorgänge** näherungsweise beschreiben kann. Aus den Montagevorgängen läßt sich die Montagezeit ermitteln, die mit einem Montagekostensatz multipliziert die Montagekosten ergibt.
Die **Teilefertigungskostenkalkulation** von Neuteilen kann nach der Detaillierung (z. B. Dimensionierung) mit statistischen oder analytischen Methoden vorgenommen werden.
Die auf der Basis des Konzepts berechneten Materialkosten und Teilefertigungskosten der Wiederhol-, Zukauf- und Ähnlichteile lassen sich gegebenenfalls durch detailliertere Angaben zu Materialverbrauch und Materialart ersetzen, so daß mit dem Abschluß des Entwurfs eine vollständige Kalkulation der **Herstellkosten** möglich ist.
Die Verrechnung weiterer Gemeinkosten kann durch **provisorische Prozeßgerüste** erfolgen. Die Vorkalkulationsergebnisse lassen sich mit den Kostenzielen vergleichen. Gegebenenfalls sind iterativ weitere Alternativen zu untersuchen und Optimierungen durchzuführen.

In der Entwurfsphase erfolgt die Kostendefinition vor allem durch die Gestaltung unter Berücksichtigung der Fertigungs- und Montagegerechtheit. Die Kostenverantwortung ist dabei noch hoch, jedoch deutlich geringer als in der Konzeptionsphase.

Ausarbeitung
Bei der Ausarbeitung wird der Entwurf in die Produktdokumentation (Einzelteil-, Gruppen und Gesamtzeichnungen, Stücklisten, Fertigungs-, Montage-, Prüf- und Transportvorschriften etc.) überführt /VDI2221/. Diese abschließende Detaillierung und Dokumentation findet meist mit Hilfe eines CAD-Systems statt. Die abschließende konstruktive Überprüfung der Kostenzielerreichung in Phase 4.3 "Prüfen der Fertigungsunterlagen" sollte daher auf diesen Daten aufbauen.

Für die Kalkulation ergibt sich in der Ausarbeitungsphase eine weitere Detaillierung und Verifizierung bereits verwendeter Daten. Durch den Einsatz von CAD ergeben sich zudem weitere Möglichkeiten, z. B. zur Auswertung der detaillierten Produktmodelle (**Featureauswertung**). Auch hier sind gegebenenfalls iterativ letzte Alternativen und Detailoptimierungen für Fertigung und Montage einzuarbeiten.

Die Kostenverantwortung der Ausarbeitung ist im Vergleich zu den vorangegangenen Konstruktionsphasen gering, da durch die Detailentscheidungen nur noch kleine Kostenanteile entschieden werden.

Die Schwerpunkte der kostengerechten Konstruktion verlagern sich daher im Verlauf des Konstruktionsprozesses von der Produktstruktur über die Montage zur Teilefertigung sowie in der Ausarbeitung zur Detaillierung dieser Aspekte. Die folgende Tabelle 4 gibt eine Übersicht über die Betrachtungsschwerpunkte in den verschiedenen Konstruktionsphasen, sowie die zur Vorkalkulation notwendigen zentralen und ergänzenden Methoden und Verfahren.

Konstruktionsphase	Betrachtungsschwerpunkt	zentrale Methoden und Verfahren	ergänzende Methoden und Verfahren
Konzeption	Produktstruktur	Produktstrukturmodellierung, Wiederholteilsuche	provisorische Materialkostenkalkulation, Kostenstrukturen
Entwurf	Montage- und Fertigungsgerechtheit	Montagekostenkalkulation, Teilefertigungskostenkalkulation	detaillierte Materialkostenkalkulation, provisorische Prozeßkostenermittlung
Ausarbeitung	Detaillierung und Verifizierung	Auswertung der detaillierten CAD-Daten	detaillierte Prozeßkostenermittlung

Tab. 4: Kalkulationsverfahren nach Konstruktionsphase und Kalkulationsobjekt

Während in der Konzeptionsphase unter Kostengesichtspunkten die Produktstruktur und die Wiederholteileverwendung entscheidend ist, wird im Entwurf die Montagegerechtheit zur primären Aufgabe für die kostengerechte Konstruktion /Wit89, Fel92/. Bei ungenügender Montageeignung eines Entwurfs muß allerdings noch häufig die Produktstruktur modifiziert werden, um andere Montagekonzepte zu ermöglichen /Aut94/. Die Detaillierung der Einzelteile und deren Kalkulation erfolgt in einem zweiten Schritt, wobei Verfahren zur teilefertigungsgerechten Konstruktion eingesetzt werden können.

3.3 Auswahl von Basismethoden zur Kalkulation von Montage-, Teilefertigungs- und Materialkosten

Für das Verfahren zur integrierten, prozeßbegleitenden Vorkalkulation eignen sich je nach Konstruktionsphase und darin betrachtetem Schwerpunkt unterschiedliche Verfahren und Methoden, da die zur Verfügung stehenden Informationen während des Konstruktionsprozesses stark zunehmen.

Für die Kalkulation der Montagekosten wird ein SvZ eingesetzt, das in Detaillierung und Anwendung für die konstruktionsbegleitende Kalkulation geeignet ist. Nachdem in der Konzeptionsphase die Montagekosten nur indirekt aus der Kostenstruktur ähnlicher Objekte ermittelt werden können, sind in der Entwurfsphase ausreichende Informationen vorhanden, um Montagevorgänge und Montagereihenfolgen zu beschreiben. Zur Modellierung der Montagevorgänge wird das System vorbestimmter Zeiten MTM-UAS (Universelles Analysiersystem) verwendet, für dessen Anwendung in der Vorkalkulation eine neue Aggregationsstufe eingesetzt wird. MTM-UAS als SvZ für die Serienfertigung ist hier als Grundlage geeignet. Der Detaillierungsgrad ist jedoch für die konstruktive Vorkalkulation zu aufwendig, so daß eine darauf aufbauende Aggregationsstufe eingesetzt wird. Diese Aggregationsstufe zu MTM-UAS erhält die prinzipiellen Vorteile des SvZ, reduziert jedoch die notwendigen Eingangsinformationen und damit den Anwendungsaufwand erheblich.
Für die Montagekostenkalkulation in der Ausarbeitungsphase wird diese explizite Vorgangsdefinition vom Konstrukteur durch eine implizite Vorgangsdefinition über die Bestimmung von Featurepaaren der Einzelteiledefinition aus dem CAD-System ergänzt. Damit können fertigungsnotwendige Einzelteilmodifikationen der Ausarbeitung bei der Montagekostenkalkulation berücksichtigt werden.

Die Kosten von Einzelteilen sind durch den Einsatz von Wiederhol- und Zukaufteilen meist bekannt. In der Konzeptionsphase wird zur Kalkulation der verbleibenden Neuteile auf die bekannten Kosten von Ähnlichteilen zurückgegriffen, die ggf. vom Konstrukteur modifiziert werden können. In der Entwurfsphase erfolgt die Teilefertigungskostenkalkulation mit dem statistischen Verfahren der Regressionsanalyse. Dies erlaubt auch ohne detaillierte Beschreibung der Einzelteile eine für die Entwurfsphase ausreichend genaue Kalkulation.
Nach Abschluß der Ausarbeitung kann das detaillierte CAD-Modell als Grundlage für eine analytische Vorkalkulation der Teilefertigungskosten verwendet werden.

Die Kalkulation von Materialkosten erfolgt in der Konzeptionsphase nur grob auf Basis der ungefähren Volumina der Einzelteile und der Kostensätze der Werkstoffart. Im weiteren Verlauf des Konstruktionsprozesses werden sowohl die Volumina der Einzelteile als auch die Werkstoffklassen weiter detailliert, so daß nicht nur eine genauere Kalkulation möglich wird, sondern ggf. auch die Rohlingsgeometrie berücksichtigt werden kann. In der Ausarbeitungsphase erfolgt daher im Regelfall keine neue Kalkulation der Materialkosten.

Damit sind für alle Konstruktionsphasen jeweils Basismethoden vorhanden, um für die wesentlichen Kostenblöcke eine angemessene Kalkulationsgenauigkeit zu erzielen (Tab. 5). Aus diesem Methodenspektrum lassen sich die jeweils zentralen Betrachtungsschwerpunkte der kostengerechten Konstruktion vollständig abdecken. Damit ist eine integrierte konstruktionsbegleitende Kalkulation gewährleistet.

Basismethoden zur Kalkulation ...	**... in Konzeption**	**... in Entwurf**	**... in Ausarbeitung**
... der Montagekosten ...	über Kostenstruktur ähnlicher Objekte	vorgangsbasierte Montagekalkulation	featurebasierte Montagekalkulation
... der Teilefertigungskosten ...	bekannte Daten bei Wiederhol- und Zukaufteilen, ggf. Schätzung von Ähnlichteilen	regressionsbasierte Teilefertigungskalkulation	featurebasierte analytische und regressionsbasierte Teilefertigungskalkulation
... der Materialkosten ...	provisorische Kalkulation mit Grobgeometrie und Werkstoffart	Kalkulation mit detaillierter Geometrie und detailliertem Werkstoff	ggf. Modifikation nach Ausarbeitung

Tab. 5: Basismethoden zur Kalkulation nach Konstruktionsphase und Kostenblock

Die kostengerechte Konstruktion mit integrierter Vorkalkulation läuft dabei nicht streng sequentiell ab. Sie beinhaltet zur Bewertung verschiedener Alternativen und zur Berücksichtigung der Abhängigkeiten von bereits optimierten und noch zu optimierenden Bereichen vielfältige Iterationsschleifen (Bild 15). Dabei werden in jeder Konstruktionphase schwerpunktmäßig unterschiedliche Aspekte des Produkts, der Montage und der Teilefertigung betrachtet.

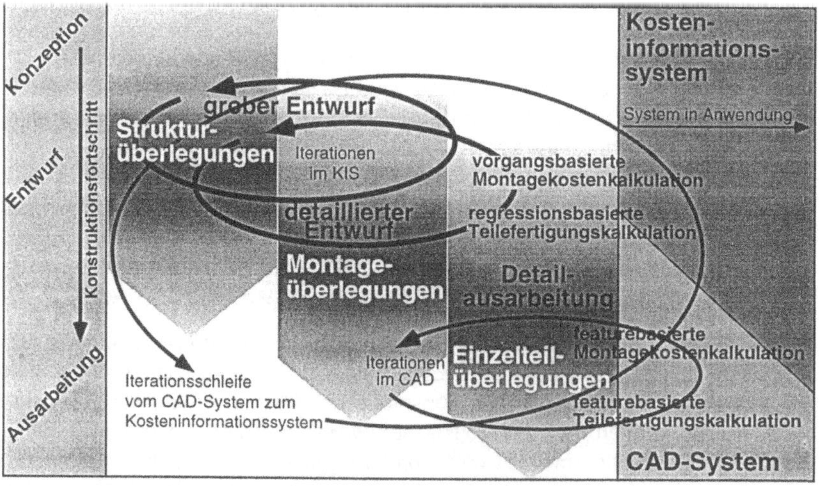

Bild 15: Iterationsschleifen im integrierten Konstruktionsprozeß

3.4 Ergänzung der Basismethoden zum Gesamtverfahren

Zur Unterstützung der kostengerechten Konstruktion sind die beschriebenen Kalkulationsverfahren zentraler Bestandteil des Verfahren. Sie müssen jedoch durch weitere Komponenten ergänzt werden, um die Anforderungen an ein praxisorientiertes Verfahren bzw. dessen Umsetzung in ein Kosteninformationssystem zu erfüllen:

- Da die Modifikation der Produktstruktur in der Konzeptionsphase die Grundlage der kostengerechten Konstruktion ist, sind Produktstrukturüberlegungen auf Basis basaler oder wiederverwendeter Teiledaten zu unterstützen.
- Zur Wiederhol-, Zukauf- und Ähnlichteilsuche ist eine anforderungsgerechte Suche in bestehenden Informationsquellen notwendig. Für das Kosteninformationssystem wird dies durch eine Suchfunktionalität in den Datenbeständen realisiert.
- Zur effizienten Abbildung von Einzelteilen, Baugruppen und Produkten und deren Varianten und Modifikationen ist eine einfache, zunächst basale Definition der Einzelteile, Baugruppen und Produkte notwendig, die im Verlauf des Konstruktionsprozesses komplettiert und detailliert wird. Das Modell dieser Gegenstände ist von zentraler Bedeutung für die Anwendung des Verfahrens und des darauf basierenden Kosteninformationssytems.
- Die Abbildung von Zielkosten sollte nicht nur für das Gesamtprodukt, sondern auch für einzelne Module möglich sein, um den Anwender auch im Detail über die Erreichung der Gesamtziele Auskunft zu geben. Daher werden auf jeder Aggregationsstufe Zielkosten verwendet.
- Die Berücksichtung der Gemeinkosten erfolgt, soweit möglich, über Prozeßkosten. Dies geschieht durch die Anwendung von konstruktionsinduzierten Prozessen mit einem angemessenen Detaillierungsgrad. Eine Geschäftsprozeßverwaltung beinhaltet die firmenspezifischen Prozesse und deren Kosten, die erweitert und modifiziert werden können.
- Die Anwendung des Kalkulationsverfahrens nach der Ausarbeitung mit einem CAD-System kann durch eine Schnittstelle zwischen Kosteninformationssysstem und CAD unterstützt werden. Für die effiziente Anwendung des CAD-Datenmodells ist ein featurebasiertes CAD-System notwendig. Die Teilefertigungskosten lassen sich damit analytisch für die Features kalkulieren.
- Zur Zusammenstellung der verschiedenen Kostenblöcke über das gesamte Produkt und seine Komponenten ist eine Kostenübersicht hilfreich, die durch einen Listengenerator erstellt wird und dem Anwender eine rasche Analyse des Konstruktionsobjekts ermöglicht.
- Um die Montagevorgänge der Aufbaustufe zu MTM-UAS um betriebsspezifische Komponenten zu erweitern, ist eine benutzerfreundliche Definition, Verwaltung und Modifikation der Montagevorgänge innerhalb des Kosteninformationssystems notwendig.

- Die Abbildung von Montageanlagen und deren Komponenten sind für die realistische Ermittlung von Montagekostensätzen notwendig und können eine Abstimmung von Montagetechnologie und Produkt unterstützen.

Die Umsetzung des Verfahrens in ein Kosteninformationssystem erfordert für die umfangreiche Stammdatenverwaltung, die Wiederholteilsuche und die Integration in bestehende Datenstrukturen eine Datenbank als zentralen Bestandteil des Systems. Zur Datenverwaltung wird auf eine Klassifizierung von Produkten, Baugruppen und Einzelteilen zurückgegriffen, die auch zur regressionsbasierten Teilefertigungskostenkalkulation verwendet wird. Damit ergibt sich für das Gesamtsystem eine Konzeption wie sie in Bild 16 aufgezeigt wird.

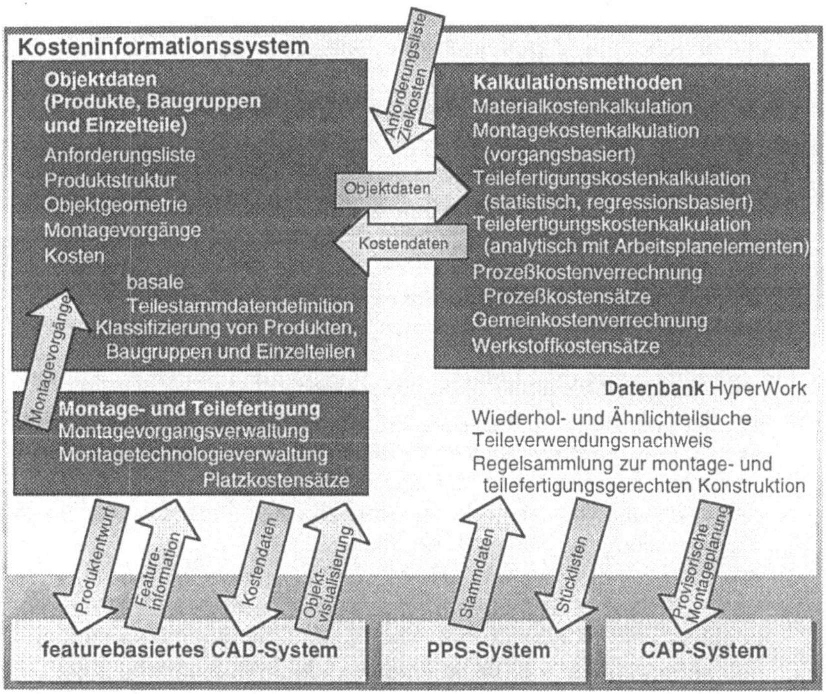

Bild 16: Konzeptübersicht

3.5 Anwendungsübersicht des Verfahrens

Aus der Analyse des Konstruktionsprozesses, den ausgewählten Basis- und ergänzenden Methoden des Verfahrens zur integrierten, prozeßbegleitenden Vorkalkulation ergibt sich mit dem Kosteninformationssystems folgender Konstruktionsprozeß:

In der Produktplanung sind die Anforderungen an das Produkt zu definieren. Für die Kostenaspekte sind dies die Zielkosten bei Erfüllung der geforderten Funktionalität.

Aufgrund dieser Anforderungen werden in der Konzeptionsphase erste Skizzen erstellt, die die Produktstruktur mit Baugruppen und Einzelteilen zunächst aus Wiederhol-, Ähnlich- und basal definierten Objekten abbilden. Wiederhol- und Ähnlichteile werden aus der Datenbank mit Hilfe der Wiederholteilsuche ermittelt. Die basale Definition von neuen Einzelteilen beschränkt sich auf die Identifikation und die Dimensionen des Hüllkörpers, bei Baugruppen und Produkten auf die Daten zur eindeutigen Darstellung der Produktstruktur. Die Produktstruktur wird im Kosteninformationssystem als Strukturstückliste definiert.
Durch die Wiederverwendung von Einzelteilen ist ein Großteil der Teilefertigungskosten im Detail bekannt. Für neu generierte Einzelteile wird eine Schätzung des Konstrukteurs verwendet. Die Materialkosten lassen sich provisorisch mit der Grobgeometrie der Einzelteile und der Werkstoffart kalkulieren. Die Teilefertigungskosten und die Materialkosten werden summiert und erlauben im Vergleich zu Kostenstrukturen ähnlicher Produkte eine erste Aussage über die Zielkostenerreichung.
Die Produktstruktur sowie alle weiteren in der Kalkulation verwendeten Daten lassen sich leicht modifizieren, um verschiedene Alternativen zu untersuchen.

In der Entwurfsphase werden die basalen Objektdefinitionen der Konzeptionsphase ergänzt und detailliert. Dabei wird für das Produkt, die Baugruppen und die Einzelteile eine Klassifizierung vorgenommen.
Mit der detaillierten Objektdefinition kann eine erste Montagedefinition durch Festlegung der Montagereihenfolge und Auswahl von Montagevorgängen erfolgen. Sofern die vorgesehenen Montagevorgänge der MTM-UAS-Aufbaustufe nicht zur Verfügung stehen, können bestehende Montagevorgänge modifiziert oder ergänzt werden. Die Ermittlung der Montagekosten kann nun durch Auswertung der Montagevorgänge auf der Detaillierungsstufe der MTM-UAS-Montageaktionen mit den Einzelteildaten erfolgen. Als Kostensatz für die Montage kann zwischen einem allgemeinen Kostensatz oder einem spezifischen Kostensatz, der von der notwendigen Montagetechnologie abhängig ist, gewählt werden.
Die Kalkulation der Teilefertigungskosten erfolgt durch eine Regressionsrechnung, wobei alle Daten der Einzelteile einer Teileklasse als Grundgesamtheit verwendet werden. Aus der genauen Werkstoffdefinition und dem Teilevolumen lassen sich die Materialkosten errechnen.
Aus diesen drei Kostenblöcken, die für jede Baugruppe und das gesamte Produkt zu ermitteln sind, werden die Herstellkosten errechnet. Anfallende konstruktionsnahe Gemeinkostenprozesse können bei Vorliegen der detaillierten Produktdaten bestimmt und in die Kalkulation der Selbstkosten integriert werden.
Die Herstellkosten lassen sich für das gesamte Produkt in einer Kostenübersicht betrachten, um die Schwerpunkte weiterer Optimierungsüberlegungen zu bestimmen. Hierzu kann auch die Aufspaltung der Zielkosten auf einzelne Baugruppen und Einzelteile herangezogen werden. Notwendige Modifikationen von Produktstruktur-, Montagevorgangs- und Einzelteildefinition sind im Kosteninformationssystem einfach durchzuführen. Auch die Analyse eines Alternativentwurfs für ein komplettes Produkt

oder einzelne Baugruppen wird unterstützt. Der Modifikationsprozeß kann beliebig oft durchgeführt werden bis die Zielkosten erreicht werden.

Nach Abschluß dieser Konstruktionsphase existiert eine verifizierte Produktstruktur, eine grobe Montageplanung, eine Stückliste mit wiederverwendeten und neu zu konstruierenden Einzelteilen, ein grober Prozeßkostenüberblick und eine vollständige, vorläufige Herstell- und Selbstkostenkalkulation. Damit kann die Ausarbeitung der im CAD-System neu zu konstruierenden Einzelteile erfolgen. In dieser Phase können weitere Simulationen, FEM-Berechnungen u. ä. für Einzelteile, Baugruppen und das gesamte Produkt im CAD-System und anderen Systemen durchgeführt werden.
Bei der Verwendung eines featurebasierten 3-D-CAD-Systems kann nach der Ergänzung der Einzelteilmodelle durch die Featureinformationen eine weitere Detaillierung der Vorkalkulation vorgenommen werden. Dazu wird über die Features auf die notwendigen Teilefertigungsoperationen zurückgeschlossen und damit eine grobe prozessorientierte Vorkalkulation vorgenommen. Aber auch für die Montage können die Featureinformationen genutzt werden indem eine featurebasierte Montagedefinition durchgeführt wird. Das verbesserte Geometriemodell der Einzelteile gestattet zudem eine genauere Materialkostenkalkulation. Da ein Teil der in der Vorphase kalkulierten Prozeßkosten bereits angefallen ist, und der Umfang der weiteren gemeinkostenverzehrenden Prozesse nun im einzelnen bestimmbar ist, wird auch im Bereich der Prozeßkosten nochmals die Genauigkeit des Kostenmodells verbessert (Bild 17).

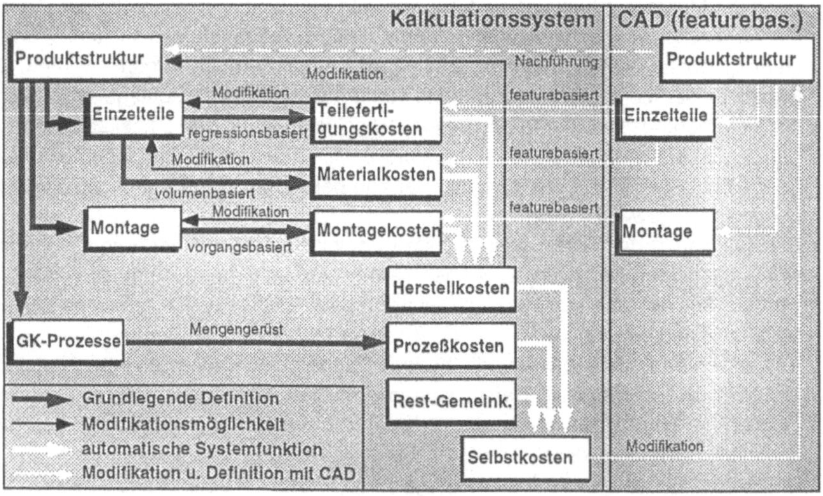

Bild 17: Das Kalkulationsschema des Verfahrens zur integrierten Vorkalkulation

Damit steht ein grundlegendes Verfahren der integrierte Produktvorkalkulation zur Verfügung, das Grundlage für die weiteren Detaillierungen und die Realisierung der Software ASCET (ASsembly-oriented Cost Estimation Tool) ist.

4 Entwurf der Verfahrensfunktionen

Das dargestellte Konzept des Verfahrens zur integrierten Produktvorkalkulation wird in diesem Kapitel weiter detailliert. Dazu wird zunächst ein Gesamtüberblick über das Modell gegeben und Objektorientierung als weiteres Modellierungs- und Darstellungsprinzip vorgestellt. Die grundlegenden Funktionen des Verfahrens werden entworfen und die jeweiligen Verfahrensabläufe anwendungsorientiert aufgezeigt.

4.1 Das objektorientierte Modell des Verfahrens zur integrierten, prozeßbegleitenden Vorkalkulation

Zur Modellierung des Verfahrens und zur Realisierung des Kosteninformationssystems werden objektorientierte Modellierungsmethoden verwendet. Objektorientierung ist ein konzeptioneller Ansatz, der zu einer bestimmten Betrachtungs- und Lösungsweise von Problemen führt. Die Charakteristika objektorientierter Systeme sind im Anhang 10.2 aufgeführt. Die Vorteile der Objektorientierung sind /Fis95/:

- Direkte Abbildung der Benutzerwelt in der Datenbank
- Sofortiges Erkennen von Abhängigkeiten der Objekte
- Schnelle und einfache Durchführbarkeit von Änderungen
- Wiederverwendbarkeit von Programmcode
- Geringer Verwaltungsaufwand durch Modularität und Vermeidung von Redundanzen
- Hohe Datensicherheit durch Konsistenz- und Zugriffssicherung mit Hilfe der Datenkapselung

Durch diese Vorteile sind objektorientierte Methoden sehr gut zur Abbildung von Kalkulationsobjekten wie Einzelteilen, Baugruppen und Produkten geeignet. In der Implementierung und Anwendung wird so eine hohe Flexibilität erreicht, die auf den klar strukturierten Datenmodellen der Gegenstandswelt basiert.

Objekte enthalten deklarative Bestandteile (Daten, Eigenschaften) und prozedurale Bestandteile (Methoden, Regeln). Objektorientierte Systeme gestatten die integrierte Abbildung beider Bestandteile in Datenobjekten, die die Eigenschaften und Beziehungen von Objekten der Gegenstandswelt abbilden können. Programmier- und Datenbank-Anwendungs-Sprachen, die diesen Prinzipien entsprechen bzw. sie unterstützen, werden objektorientiert genannt.

Zur Redundanzverhinderung und Transparenzerhöhung von objektorientierten Datenmodellen werden ähnliche Objekte mit weitgehend gleichen Eigenschaften zu Klassen zusammengefaßt. Die identischen Daten der Objekte einer Klasse werden nur einmal als klassedefinierende Daten abgelegt und gelten durch Vererbung für alle Elemente der Klasse. Durch die Definition von Klassen unterschiedlicher Detaillierungsgrade wird eine Klassenhierarchie aufgebaut, die ähnliche Objekte sehr effektiv

verwalten kann. Dabei können die vererbten Definitionen der Objekte (implizite Daten und Methoden) mit expliziten Daten und Methoden modifiziert werden, doch wird dadurch die Objektdefinition komplizierter und das Laufzeitverhalten des umgesetzten Modells verschlechtert sich.
Kann die Klassenbildung der objektorientierten Programmierung an die Klassierung der Konstruktionsobjekte angelehnt werden, wird gleichzeitig die Programmierung und die Anwendung erleichtert.

Im Rahmen der ganzheitlichen objektorientierten Modellierung betrieblicher Informationssysteme wird nach /FeS91/ die konzeptuelle Objektmodellierung und die Vorgangsmodellierung unterschieden. Die konzeptuelle Objektmodellierung umfaßt den Aufbau und die Beziehungsstruktur von Objekten, während die Vorgangsmodellierung das Zusammenwirken von Objekten bei der Durchführung von Aufgaben betrachtet (Bild 18). Diese beiden Sichtweisen werden bei der Modellierung eines Informationssystems über mehrere Detaillierungsebenen in ständiger Abstimmung aufeinander zu entwickelt und münden in eine geschlossene, objektorientierte Definition des Informationssystems /Sin91/. Auf der Grundlage dieser Modellierungsmethode wird im folgenden die Modellierung des Verfahrens zur integrierten, prozeßbegleitenden Vorkalkulation vorgenommen.

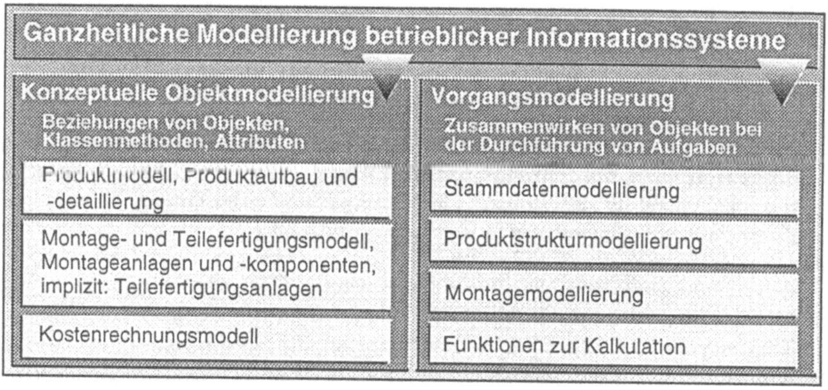

Bild 18: Objektorientierte Modellierung des Gesamtsystems

Aus der Konzeption des Verfahrens werden die Modelle der **konzeptuellen Objektmodellierung** durch die Strukturierung der realen Objekte und die Definition geeigneter Klassen abgeleitet. Es ergeben sich folgende Modelle:

- ❑ Das **Gegenstandsmodell** für Produkte, Baugruppen und Einzelteile steht im Mittelpunkt des Verfahrens und ist zur Strukturierung und übersichtlichen Darstellung in mehrere logische Teilmodelle gegliedert:
  - ○ Das **Administrationsmodell** dient zur Verwaltung der gesamten Datenbestände und unterstützt die Redundanzfreiheit des Systems.

- ○ Das **Anforderungsmodell** beinhaltet die Anforderungen der Produktplanung, die Zielkosten sowie die geplante Stückzahl.
- ○ Das **Strukturmodell** definiert die Zusammensetzung der Objekte in Form einer Baugruppen-, Einzelteil- und - in der Ausarbeitungsphase - Featurestruktur.
- ○ Das **Geometriemodell** beschreibt die Geometrie von Produkten, Baugruppen und Einzelteilen in einer problem- und konstruktionsphasenorientierten Detaillierung.
- ○ Das **Montageprozeßmodell** beschreibt die spezifischen Montageprozesse zum Zusammenbau eines Produkts oder einer Baugruppe.
- ○ Das **Kostenmodell** aggregiert für alle Hierarchiestufen die Material-, Fertigungs- und Montagekosten. Auf Produktebene werden zusätzlich die anteiligen Prozeß- und Restgemeinkosten integriert.

- ❑ Das **Montage- und Teilefertigungsmodell** enthält die produktkostenrelevanten Montageoperationen und -anlagen sowie die regressionsmathematischen Methoden zur Kalkulation der Fertigungskosten.
- ❑ Im **Kostenrechnungsmodell** sind die Kalkulationsschemata zur Aggregation und Distribution einzelner Kostenblöcke enthalten.

Durch diese Trennung der Modelle sind die Gegenstands-, die Montage- und Teilefertigungs- sowie die Kostenrechnungsdaten und -methoden jeweils voneinander abgetrennt. Dadurch ergibt sich ein klares Modell für die Programmierung und Anwendung, in dem z. B. sämtliche Kalkulationsmethoden, die betriebsspezifisch angepaßt werden können, im Kostenrechnungsmodell abgelegt sind. Die Kostendaten der Einzelteile, Baugruppen und Produkte sind als Kostenmodell ein Bestandteil des Gegenstandsmodells, so daß allgemeine Kalkulationsmethoden von speziellen Kostendaten getrennt sind.

Das **Vorgangsmodell** beschreibt das Zusammenwirken der konzeptuellen Objekttypen bei der Durchführung von Aufgaben. Dazu werden folgende zentrale Funktionen modelliert:

- ❑ Funktionen zur **Stammdatenmodellierung** von Einzelteilen, Baugruppen und Produkt zur Anlage, Identifikation und Verwaltung der Objektdaten,
- ❑ Funktionen zur **Produktstrukturmodellierung**, die Baugruppen und Produkte als Baukastenstückliste abbilden,
- ❑ Funktionen zur **Montagemodellierung** mit vorgangs- und featurebasierter Vorgehensweise sowie
- ❑ Funktionen zur Kalkulation, die Montage-, Teilefertigung- und Materialkosten berechnen sowie Ziel- und Prozeßkosten in die Kalkulation integrieren.

Die Funktionen des Vorgangsmodells werden im folgenden beschrieben, die detaillierte Ausgestaltung der Gestaltmodelle erfolgt im Kapitel "Entwurf der Verfahrensobjekte".

Für die objektorientierte Grundstruktur des Datenmodells ergibt sich aus den Oberklassen von konzeptuellem Objektmodell und Vorgangsmodell folgende Darstellung (Bild 19):

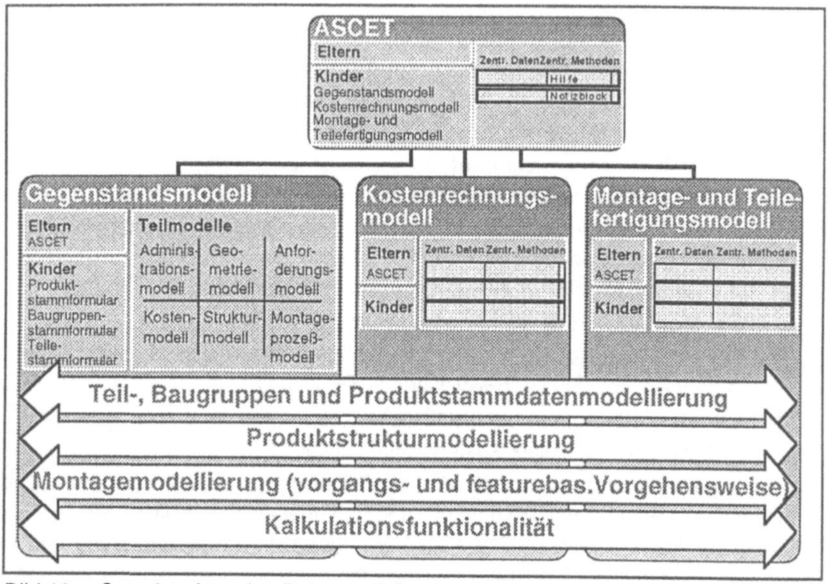

Bild 19: Grundstruktur des Datenmodells

Die Grundstruktur des Datenmodells ist als Vereinfachung der graphischen Programmieroberfläche des Objektorientierten Datenbank-Management-Systems dargestellt, das eine direkte Übertragbarkeit zwischen Modell und Realisierung gestattet (Bild 20). Diese Darstellung wird auch im weiteren verwendet.

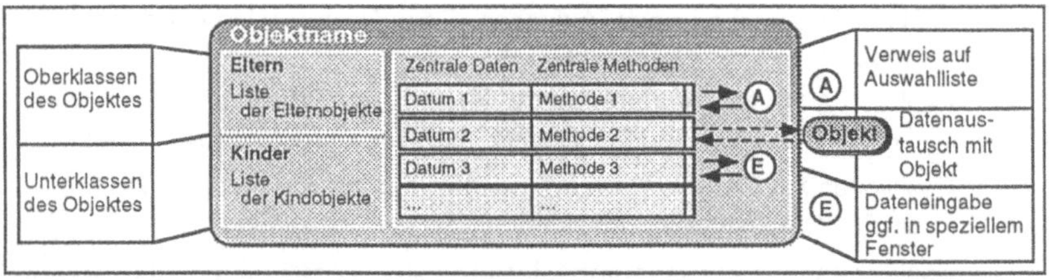

Bild 20: Objektdarstellung

Aus dieser Objektdarstellung sind die wesentlichen Charakteristika eines Objekts erkennbar: Jedes Objekt des Modells hat einen eindeutigen Objektnamen. Die Oberklassen des Objekts werden als "Eltern" aufgelistet, ebenso die Unterklassen als "Kinder", bei denen nicht unterschieden wird, ob es sich um eine weitere Klasse oder um ein Modell eines Objekts des Gegenstandsbereichs (Instanz) handelt. Im Objekt

werden die Daten und Methoden aufgelistet, ergänzt durch die Darstellungsspezifikation, die für die Realisierung und Anwendung wesentlich ist.
Durch die Anwendung von Methoden können auch aus der Objektkapselung heraus mit anderen Objekten Daten ausgetauscht, bzw. komplexe Funktionen aufgerufen werden. Eine standardisierte Methode gestattet die Auswahl eines Datums aus einer methodenspezifischen Liste, eine andere Methode fordert den Anwender zur Dateneingabe, ggf. in einem speziellen Fenster, auf.
In den Objekten sind im folgenden nur die zentralen Daten und Methoden dargestellt, um die Übersicht zu erleichtern. Weiter sind zu den einzelnen angedeuteten Detaillierungen vor allem Daten wie Hilfsvariablen und Funktionen zur Konsistenz-, Identitäts- und Plausibilitätsprüfung in den Objekten enthalten.

Der Datenumfang der Modelle ergibt sich zum einen aus den Erfordernissen der Kalkulation und zum anderen aus dem Anwendungskomfort. Da die Genauigkeit der Kalkulation mit der zur Verfügung stehenden Information und damit dem Verlauf des Konstruktionsprozesses steigt, ist ein sehr detailliertes Modell wünschenswert. Anwendungsfreundlich und für frühe Konstruktionphasen geeignet, sind jedoch Verfahren mit geringstmöglichem Datenbedarf. Daher ist der Datenumfang des Modells für eine Anwendung in frühen Konstruktionsphasen zu beschränken.

4.2 Funktionen der Stammdatenmodellierung

Die Funktionen zur Stammdatenmodellierung haben eine zentrale Stellung bei der Anlage, Identifikation und Verwaltung von Objektdaten. Dabei ist die Klassenbildung für die Anwendung und Implementierung maßgeblich. In Ergänzung zu den datenmodellbedingten Klassen werden daher weitere Klassen eingeführt, um eine zusätzliche Strukturierung aufgrund der Vielzahl der im praktischen Einsatz zu verarbeitenden Daten für die Benutzerführung durchzuführen. Diese Klassen sind in entsprechenden Oberklassen zusammengefaßt und lassen sich vom Anwender definieren. Dagegen können Oberklassen, die im Datenmodell definiert werden, nur durch strukturelle Programm-Modifikation verändert werden.

Das Gegenstandsmodell wird anwendungsneutral für Einzelteile, Baugruppen und Produkte entwickelt, jedoch sind nicht alle Daten und Methoden für alle Aggregationsstufen relevant. Daher werden für Einzelteile, Baugruppen und Produkte jeweils eigene Klassen angelegt, wobei für Einzelteile nochmals nach der Grundgeometrie eine zylindrische und kubische Unterklasse definiert wird. Unter diese Klassen kann der Anwender für seine Betriebsumgebung jeweils Unterklassen mit ähnlichen Objekten anlegen. Dadurch sind sowohl die Klassen als auch die jeweiligen Elemente dieser Klassen aus der Systemfunktionalität heraus erweiterbar (Bild 21).

In der Anlageprozedur wird zu Beginn die Objektart (P, BG oder ET) und die Klassifikation des Objekts abgefragt. Die verwendete Klassierung ist betriebsspezifisch erweiterbar, so daß die Übersichtlichkeit und Anwendbarkeit gegeben ist. Bei der Neu-

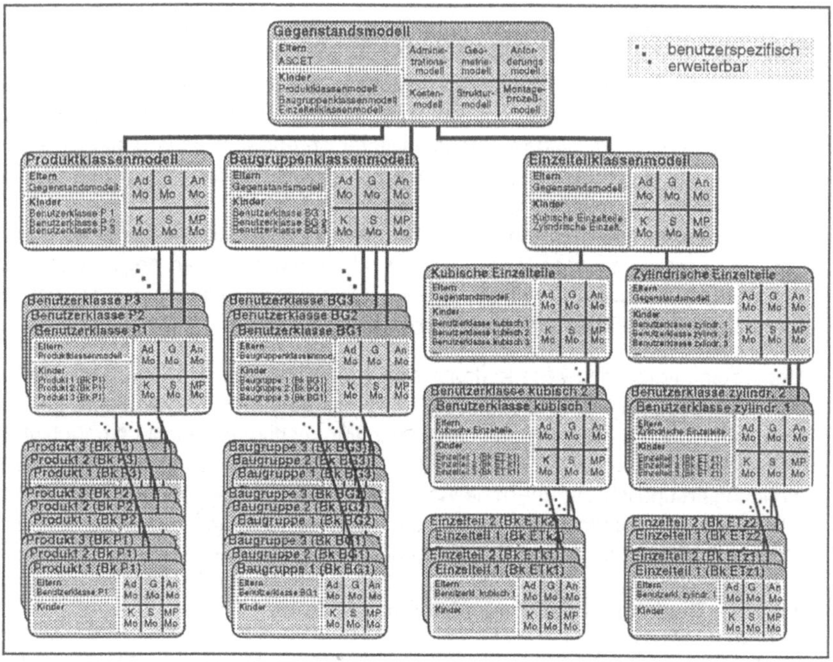

Bild 21: Klassenhierarchie

anlage eines Objekts ist vom Anwender für dieses Objekt ein Name zu vergeben, der vom System auf Eindeutigkeit kontrolliert wird. Zusätzlich kann eine Produktidentifikationsnummer und ein Bauarthinweis aufgenommen werden. Aus der Login-Prozedur wird der Bearbeiter und das aktuelle Datum übernommen, um später auch nach diesen Kriterien eine Objektsuche durchführen zu können. Weiter sind im Verlauf der Stammdatenmodellierung die Dimensionen des Hüllkörpers anzugeben, sowie für Einzelteile das Gewicht, der Werkstoff und die Methode der Werkstoffkosten-Berechnung auszuwählen.

Zu den optionalen Stammdaten eines Objekts zählt die Zeichnungsnummer, die den Zugriff auf ein zugeordnetes Zeichnungsobjekt erlaubt, um das ausgewählte Objekt zu verifizieren, da alphanumerische Stammdaten für den Konstrukteur oftmals nicht aussagekräftig genug sind.

Nach erfolgter Strukturmodellierung ist im Stammformular von Baugruppen und Objekten die Zusammensetzung aus den jeweils eine Hierarchiestufe höheren Objekten sowie ein angepaßter Kostenüberblick inklusive Zielkosten enthalten.
Im Stammformular lassen sich bei CAD-Detaillierung für Einzelteile und Baugruppen die Featurelisten und für alle Objeke die Sachmerkmalleisten definieren, deren Daten ebenfalls zu den Stammdaten gehören.

4.3 Funktionen der Produktstrukturmodellierung

Die Funktionen der Produktstrukturmodellierung lassen sich bereits dann einsetzen, wenn die verwendeten Einzelteile- und Baugruppen basal definiert sind. Dies unterstützt frühe Strukturanalysen und erschließt die damit verbundenen hohen Kostenreduktionspotentiale.
Die Produktstruktur in ASCET wird nach den Prinzipien der Baukastenstückliste abgebildet /Aut86/. Damit ergibt sich eine einfache und übersichtliche Modellierung, die den Anforderungen von Anwendung und Programmierung Rechnung trägt. Besonders bei der Wiederverwendung von Baugruppen ergibt sich eine überschaubare Abbildung der Produktstruktur. Bei der Produktstrukturmodellierung wird systemseitig überwacht, ob Zirkelschlüsse durch die Definition von Baugruppen und Unterbaugruppen auftreten.

Besondere Berücksichtigung findet in der Produktsstrukturmodellierung die Anpassungs- und Variantenkonstruktion, da diese in der Konstruktionspraxis einen Anteil von ca. 80% /Rol95, ReR94/ ausmacht. In der Anpassungs- und Variantenkonstruktion ist die Wiederholteilverwendung bzw. die Modifikation von vorhandenen Objekten die zentrale Vorgehensweise, so daß in vielen Fällen selbst die basale Objektdefinition nicht notwendig ist, da bereits komplette Objektdaten vorliegen.

Die Produktstrukturmodellierung erfolgt für jedes Produkt und jede Baugruppe durch die Auswahl der enthaltenen Baugruppen und Einzelteile. Diese können anhand der Klassifzierung und Objektidentifikation oder durch eine Wiederholteilsuche identifiziert werden. Die Wiederholteilverwendung wird durch den direkten Zugriff der Suchfunktionen aus der Produktstrukturierung unterstützt. Gefundene Produkte und Baugruppen, die modifiziert werden müssen, können in den Stammdaten und der Struktur verändert werden. Durch die Möglichkeit des Löschens und Hinzufügens von Teilen und Baugruppen in der Produktstruktur können auch umfangreiche Änderungen von Ausgangsobjekten oder bei der Variantenbildung durchgeführt werden.

Im Anschluß an die Produktstrukturmodellierung kann eine vollständige Montagemodellierung stattfinden. Dadurch wird vermieden, daß im Regelfall während der Montagemodellierung nochmals auf die Teile- bzw Baugruppenmodellierung zurückgegriffen werden muß.

4.4 Funktionen der Montagemodellierung

Die Montagemodellierung erfolgt nach der Modellierung der Produktstruktur und liegt in der Regel vor der detaillierten Einzelteilmodellierung, da dies dem grundsätzlichen Konstruktionsablauf entspricht. Die Montagemodellierung wird in den frühen Konstruktionsphasen, vor der Einzelteildetaillierung mit CAD, vorgangsbasiert durchgeführt. Nach erfolgter CAD-Detaillierung kann auf die CAD-Features zurückgegriffen und die Montagemodellierung featurebasiert durchgeführt werden.

Die Montagemodellierung basiert auf einem sequentiellen Montagevorgang. Dazu wird die Produktstruktur durch die Definition von Montagevorgangstupeln in sequentielle Montageteilprozeß-Ketten umgeformt. Dies impliziert eine Montagereihenfolge, die Einfluß auf die Montagekosten haben kann (Bild 22). Dieser Einfluß ist jedoch in der Regel so gering, daß entsprechende Überlegungen primär zur gedanklichen Klarheit und zur Information weiterer Nutzer, z. B. aus der Arbeitsvorbereitung, gemacht werden. Alternative Montagereihenfolgen haben meist keinen Einfluß auf die Vorkalkulationswerte, da sie in der Auswertung mit MTM-UAS nur das Gewicht betreffen, in seltenen Fällen auch zusätzliche Orientierungs- oder Positionierungsvorgänge. Der Anwender definiert durch die Montagereihenfolge die Grundlagen des Vorranggraphen, ohne die systematischen Überlegungen zu dessen Erstellung durchzuführen.

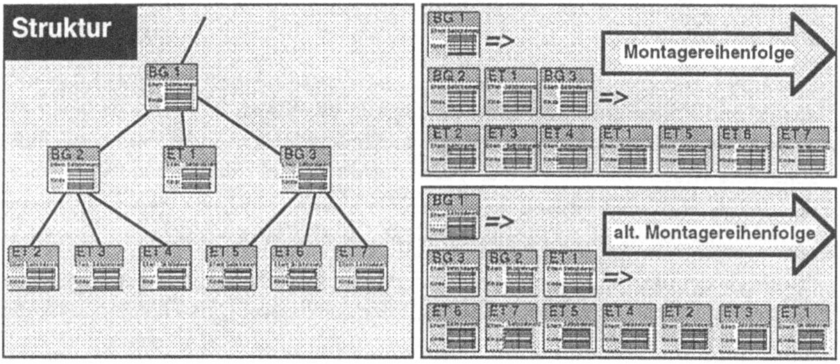

Bild 22: Sequentielle Montagemodellierung

Mit Hilfe der sequentiellen Montagedefinition wird auf Basis des Produktstrukturmodells der komplette Montagevorgang modelliert. Dazu werden die Montagevorgänge aus dem Montage- und Teilefertigungsmodell verwendet, um situationsspezifisch die Kombination des jeweiligen Basisteils mit dem Fügeteil zu beschreiben. Im Montage- und Teilefertigungsmodell sind Montagevorgänge definiert, die im Bezug auf den Montagezeitbedarf ausgewertet werden, so daß sich mit einem generellen Montagekostensatz eine grobe Vorkalkulation ergibt.
Nach Detaillierung der Einzelteile in CAD kann die featurebasierte Montagedefinition zur Ableitung der Montageprozesse verwendet werden, die ebenfalls auf die Grundlagen von MTM-UAS zurückgreift und durch die weitere Detaillierung des Gegenstandsmodells zu spezifischeren Werten führt.

4.4.1 Vorgangsbasierte Montagemodellierung

Die vorgangsbasierte Montagemodellierung beruht auf der Definition von Montagevorgangstupeln, die die verwendete Basis, das aktuelle Fügeteil und den Montagevorgang enthalten. Die Basis einer Baugruppe wird vom Anwender zu Beginn der Montagemodellierung aus den enthaltenen Objekten ausgewählt. Für alle weiteren

Montagevorgangstupel ist die ursprüngliche Basis einschließlich der bis dahin montierten Objekte als aktuelle Basis der Montagevorgänge zu verwenden. Das aktuelle Fügeteil wird für jeden Montagevorgang neu bestimmt (Bild 23).

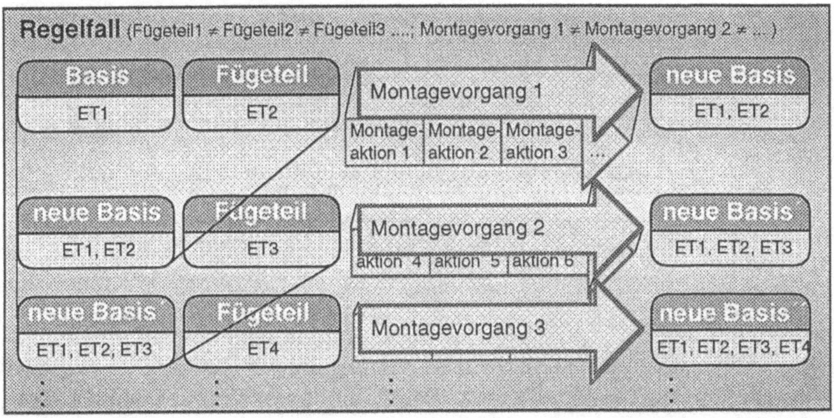

Bild 23: Basis, Fügeteil und Montagevorgang im Verlauf der Montagemodellierung

In der Regel wird jeder neuen Kombination von Basis und Fügeteil durch Auswahl ein Montagevorgang zugeordnet, der mit Passungsklasse, Entfernung am Montagearbeitsplatz und Anzahl identischer Vorgänge detailliert werden kann. Alternativ werden in frühen Konstruktionsphasen oder für unbekannte Montagebedingungen die Standardwerte dieser Detaillierungen verwendet. Durch diese Vorgehensweise wird die Montage kompletter Baugruppen und Produkte detailliert genug definiert, um eine erste Montagekostenkalkulation durchführen zu können.

Die Auswertung der Montagemodellierung erlaubt einen ersten Überblick über die Montagezeiten der Baugruppen und die Schwerpunkte der Montagekostenverursachung. Daraus können Änderungen in den Montageprozessen oder auch die Analyse weiterer Strukturvarianten motiviert werden.

Strukturierung und Anwendung der Montagevorgänge

Die Auswertung der Montagevorgangstupel ermittelt zunächst die enthaltenen Montageaktionen, die jeweils auf einen MTM-UAS-Fall zurückzuführen sind. Ein Montagevorgang setzt sich aus circa zwei bis fünf Montageaktionen zusammen. Diese Aggregation von MTM-UAS-Werten ist für Konstruktion und Entwicklung eine angemessene Detaillierung, die weder zu detailliert und aufwendig in der Anwendung, noch zu pauschal in der Auswertung ist.

Um die betrieblich vorkommenden Montagevorgänge übersichtlich zu modellieren, sind diese in Klassen abgelegt. Die Klasseneinteilung umfaßt z. B. Schnappen, Schrauben, Legen, Kleben und Schweißen und ist durch den Anwender erweiterbar, um weitere Klassen, wie z. B. Löten oder Nähen integrieren zu können (Bild 24).

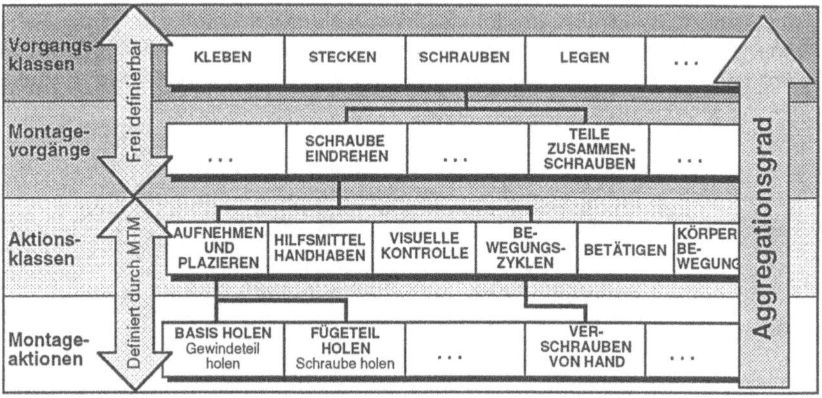

Bild 24: MTM-UAS-Montagevorgangsketten und Erweiterungsmöglichkeiten

Die Montagemodellierung durch Montagevorgänge und -aktionen wird mit Erfahrungswerten wie Festzeiten für Hilfsmitteleinsatz und Maschinenvorgänge ergänzt. Damit können auch Montageaufgaben abgebildet werden, die durch den Einsatz von Vorrichtungen oder Anlagen bestimmt sind. Auch diese Festzeiten sind erweiterbar, so daß neue Montagetechnologien aufgenommen werden können (Bild 25).

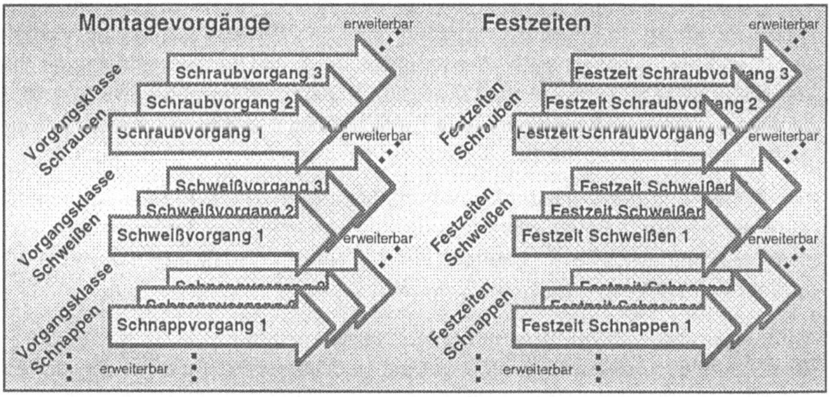

Bild 25: Systematik Montagevorgangseditor

Zur Anwendung der Montageprozeßmodellierung sind damit MTM-Grundkenntnisse ausreichend. Die Erweiterung der Montagevorgänge und Ergänzung der Festzeiten im Montagevorgangseditor sollte allerdings von einem MTM-Fachkundigen erfolgen, der Erfahrung in der Abgrenzung der Methodenniveaus und der einzelnen MTM-UAS-Fälle besitzt.

Die Auswertung der Montagevorgänge erfolgt für jede Montageaktion durch Analyse der für MTM-UAS relevanten Einflußfaktoren und verwendet alle für die eindeutige Auswahl des MTM-UAS-Zeitbausteins notwendigen Informationen, wie Objektdimensionen und -gewichte, Passungstoleranzen und Montagewege (Bild 26). Durch eine Unterscheidung von einmalig und wiederholt notwendigen Montageaktionen für mehrfach durchzuführende Montagevorgänge bei mehreren Montageobjekten, können vorbereitende Aktionen wie "Werkzeug greifen" einfach verrechnet werden.

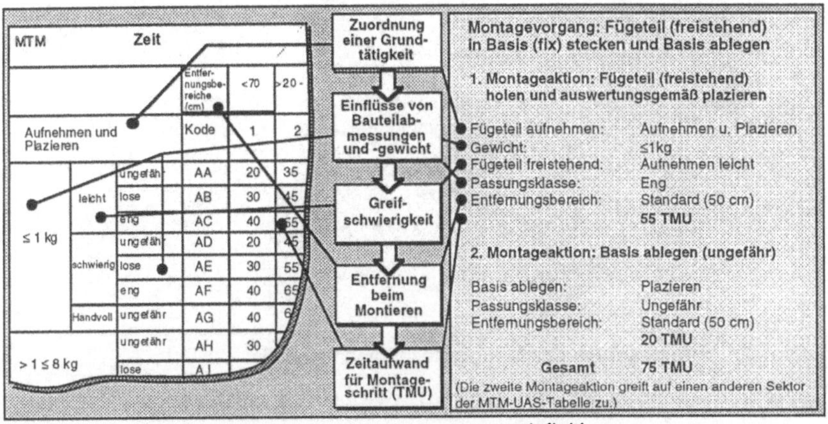

Bild 26: Systemauswertung einer Montagevorgangsdefinition

Die Definition der Montagevorgänge beinhaltet auch die zu erwartende Situation beim Aufnehmen und Greifen von Einzelteilen, da erhebliche Zeitbedarfsunterschiede zwischen vereinzelten, gut greifbaren Teilen und Schüttgut zu berücksichtigen sind. Für die Fügeteile wird daher nach "freistehend" und "Magazin" unterschieden.

Abbildung der betrieblichen Montagetechnologie

Die detaillierte Abbildung der betrieblichen Montagetechnologie erfolgt zur differenzierten Kalkulation der Montagekosten, bei der sich die spezifischen Platzkostensätze einzelner Arbeitsplätze auswirken. Die Montagetechnologie wird dazu mit Montageanlagen, Montageplätzen, Hilfsmitteln, Werkzeugen und Vorrichtungen abgebildet (Bild 27). Die Zuordung von Montagetechnologie und Montagevorgängen kann dabei vorgangsspezifisch oder allgemein erfolgen. Damit läßt sich je nach Kenntnis- und Detaillierungsstand ein entsprechend differenziertes Kostenbild ermitteln.

Die Erstabbildung der Montagetechnologie ist entsprechend den vielfältigen Analysemöglichkeiten aufwendig, die Anwendung jedoch entsprechend den funktionalen Anforderungen einfach. Bei der Definition von Montagevorgängen können Montageplätze mit Vorrichtungen und Hilfsmitteln festgelegt werden, an denen dieser Montagevorgang ausgeführt werden kann. Für einzelne Montageplätze wird ein Platz-

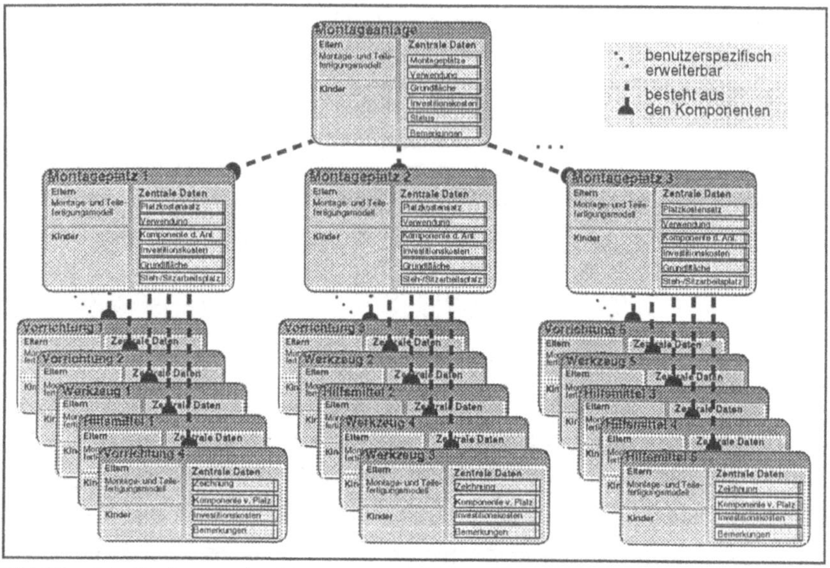

Bild 27: Strukturierung des Montagetechnologiemodells

kostensatz ermittelt, der in die detaillierte Kalkulation eingehen kann. Für ein Produkt können sich daher durch die Montage der Baugruppen an verschiedenen Montageplätzen unterschiedliche Platzkostensätze ergeben. Die weitere Berechnung kann nach drei Verfahren erfolgen:

- Für jeden Montagevorgang wird der spezifische Platzkostensatz der Standard-Montageanlage verwendet.
- Der teuerste Platzkostensatz der Standard-Montageanlagen definiert die Anforderungen an die Montagetechnologie und damit den Platzkostensatz für das gesamte Produkt.
- Der Platzkostensatz wird explizit vom Anwender bestimmt.

Das Montagetechnologiemodell ist sowohl für die Abbildung des Status Quo als auch für Szenarien einzusetzen. Damit können Analysen über die Interdependenzen von Produkt und Montagetechnologie für reale und geplante Zustände erstellt werden.

Alle Daten der Montageanalyse, die vollständigen Montagevorgangstupel und die ausgewerteten Montagezeiten, werden im Montageprotokoll gespeichert. Diese Zusammenfassung der Analyseergebnisse kann für eine spätere Verwendung durch die Konstruktion oder die AV herangezogen werden. Damit werden für andere Beteiligte im Entwicklungsprozeß oder spätere Wiederverwendungen die Hintergründe einer Analyse transparent und die Verwendung der Ergebnisse gefördert.

Sonderfälle der Montagevorgangsdefinition

In Ergänzung zur bei der Modellierung vorausgesetzten sequentiellen Montagereihenfolge treten bei der manuellen Montage weitere Sonderfälle auf (Bild 28).

Um die Anzahl der zu verwaltenden Montagevorgänge zu reduzieren, werden besonders komplexe Montagevorgänge, die z. B. Justage oder Kontrollvorgänge beinhalten, nicht abgebildet. Die Modellierung trennt diese Vorgänge in den direkten Montagevorgang und den zusätzlichen Vorgang auf. Daher erlaubt es die Montageprozeßmodellierung weitere Montagevorgänge ohne Hinzufügen eines Fügeteils zu definieren. Nach der Definition des direkten Montagevorgangs läßt sich dazu ein zusätzlicher Vorgang als zweiter Teil eines komplexen Montagevorgangs definieren.

Die Montage eines Fügeteils erfordert in einigen Fällen die mehrfache Durchführung eines Montagevorgangs (z. B. bei Montagevorgängen mit Mengenangabe wie "pro cm Schweißlänge" oder "pro Gewindeumdrehung"). Für diese Montagevorgänge wird die Anzahl der Montagevorgänge zusätzlich spezifiziert, wobei die Auswertung Montageaktionen mit einfacher und wiederholter Durchführung unterscheidet.

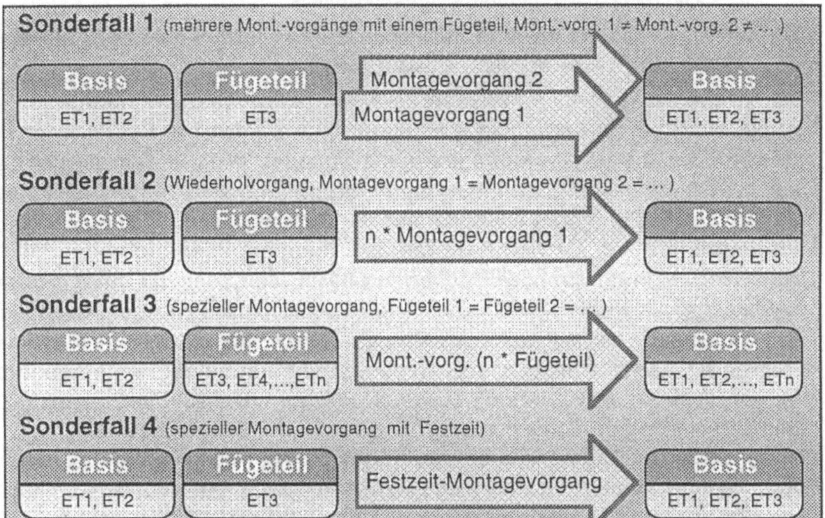

Bild 28: Sonderfälle der Montagevorgangsdefinition

Montagevorgänge, bei denen mehrere Teile gleichzeitig montiert werden, z. B. bei der Verwendung eines entsprechenden Werkzeugs, erfordern nur ein einmaliges Greifen des Werkzeugs bei mehrfacher Ausübung des eigentlichen Fügevorgangs. Dies wird in der Montagedefinition durch die Definition einer entsprechenden Anzahl von Vorgängen abgebildet. In der Auswertung werden bei den einzelnen Vorgängen die Montageaktionen entsprechend der Definition einfach oder wiederholt berechnet.

Die Verwendung von speziellen Vorrichtungen und Werkzeugen, die über den Bereich der MTM-Anwendung hinausgeht, kann durch entsprechende Montagevorgänge abgebildet werden. Dazu definiert der Anwender in der Montagevorgangsdefinition die benötigten Vorgänge, die auf MTM-UAS und Festzeiten basieren können. Dadurch sind auch vorrichtungsbestimmte Montagevorgänge abbildbar.

4.4.2 Featurebasierte Montagemodellierung

Die featurebasierte Montagemodellierung kann bei Verwendung eines featurebasierten CAD-Systems zur Detaillierung der Einzelteile eingesetzt werden. Die Definition der Features im CAD-System kann entweder durch eine konstruktive, funktionale oder durch eine fertigungstechnische Sicht geprägt sein /Wol94/. Zur Auswertung für die Vorkalkulation sind fertigungsorientierte Features besser geeignet und werden daher vorausgesetzt. Die Auswertung des CAD-Einzelteil-Modells ergibt eine Liste von Features, die für die Modellierung verwendet wurden:

- Fertigungs-Features, die für die Fertigung relevante Informationen enthalten; dies sind nahezu alle Features eines Einzelteils.
- Montage-Features, die eine Teilmenge der Fertigungs-Features darstellen und durch ihre Relevanz für die Montage definiert sind.

Die Analyse der Features zur Auswahl der Montage-Features ist teilweise automatisierbar, wenn bei der Featuremodellierung schon entsprechende Konventionen beachtet werden, die auf eine Montagerelevanz hinweisen. In der implementierten Version der Schnittstelle zwischen featurebasiertem CAD-System und ASCET werden die Montage-Features vom Anwender aus der Gesamtfeatureliste eines Einzelteils ausgewählt.
Durch die Zuordnung von zwei Features zu einem Featurepaar, das durch die Geometrie der Kontaktflächen einen eindeutigen Montageprozeß impliziert, ist es möglich, die Montage effizient zu modellieren. Die vom Anwender nach dem Kontaktflächenprinzip generierten Featurepaare lassen sich automatisch den Montagevorgängen zuordnen, die von ASCET ausgewertet werden (Bild 29). Als Ergänzung zur ableitbaren Montageinformation wird vom Anwender lediglich die Angabe von notwendigem Druckaufwand oder vorhandener Sichtbehinderung erwartet, die bei der vorgangsbasierten Montagemodellierung implizit in den Montagevorgängen enthalten sind. Das Auswertungsergebnis ist eine Liste von MTM-UAS-Aktionen, die zur Montagezeitermittlung mit den MTM-UAS-üblichen Kriterien bewertet werden.

Die System-Funktionalität der featurebasierten Montagemodellierung ist bei Aspekten wie Montageprotokoll, Änderbarkeit etc. identisch mit der Funktionalität der vorgangsbasierten Montagemodellierung.

Die Ankopplung eines featurebasierten CAD-Systems ist eine externe Erweiterung des Datenmodells. Die durch den Einsatz des CAD-Systems erzeugten Daten werden nur zum Teil in das Modell von ASCET übernommen, so daß redundante Daten

vorliegen. Diese sind teilweise notwendig, um die Datenbestände verwalten zu können, z. B. im Administrationsmodell von ASCET. Der Abgleich dieser Datenbestände ist für die Kostendaten durch Kopplungsmechanismen gegeben.

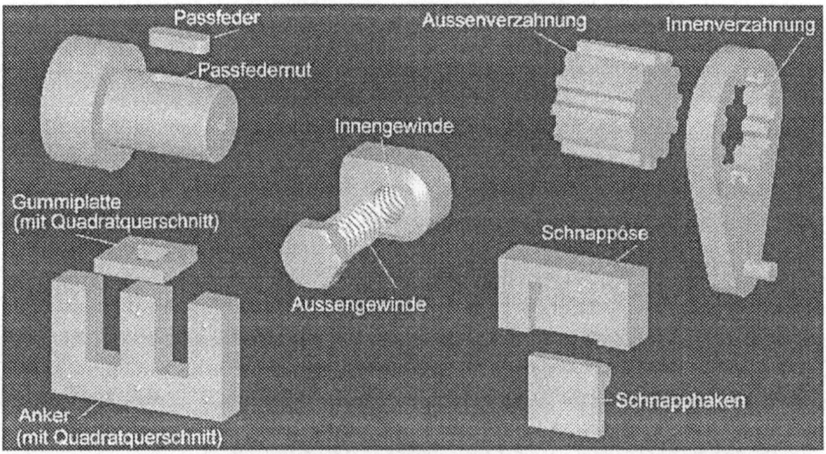

Bild 29: Das Kontaktflächenprinzip als Basis der Montagevorgangsermittlung

4.5 Funktionen zur Kostenkalkulation

Die Funktionen zur Kalkulation sind direkt und indirekt mit allen Modellen und mit allen grundlegenden Modellierungsfunktionen in ASCET verbunden. Daher werden Zielkosten, die Funktionen zur Kalkulation von Montage-, Teilefertigung- und Materialkosten sowie die Verwendung der Prozeßkosten zur Gemeinkostenverrechnung separat erörtert.

4.5.1 Abbildung von Zielkosten

Zielkosten in ASCET lassen sich für Produkte, Baugruppen und Einzelteile vorgeben und werden im Anforderungsmodell gespeichert. Sie werden vom Benutzer aufgrund der Auswertung von Marktanalysen in der Planungsphase der Konstruktion in das System eingegeben und geprüft. Als Zielkosten werden bei Produkten die Selbstkosten, bei Baugruppen und Einzelteilen die Herstellkosten verwendet.
Für die Aggregation der Zielkosten erfolgt jeweils eine Plausibilitätskontrolle, die die summarischen Kosten mit den Zielkostenvorgaben des Anwenders vergleicht. Durch diese nicht restriktive Abbildung ist die flexible Anwendung sowohl im ganzheitlichen Zielkostenverständnis sequentieller Konstruktion als auch im detailliert strukturierten Zielkostenverständnis des Target Costing möglich. Die kreative Flexibilität des Anwenders wird nicht durch strikte Vorgaben oder detaillierte Zuordnungsregeln der Kostenverteilung eingeschränkt. Die Kostenverteilung ist auf jeder Hierarchiestufe nach den Erfordernissen des Anwenders möglich.

Eine Kontrolle der Zielkosten ist aus jedem Objektstammformular heraus möglich, indem die Kostenübersicht des Listengenerators eingesehen wird. Durch die weitere Modifikation des Gegenstandsmodells können ggf. die Zielkosten und die Vorkalkulationswerte einander angenähert werden.

4.5.2 Kalkulation der Montagekosten

Die Kalkulation der Montagekosten basiert auf den Montagezeiten der vorgangs- und featurebasierten Montagemodellierung, die mit dem Platzkostensatz multipliziert werden, um die Montagekosten zu berechnen. Dabei können die verschiedenen Methoden der Platzkostensatzdefinition angewendet werden. Die Analyse der Montagekosten kann auf Montagevorgangs-, Baugruppen- und Produktebene stattfinden und ermöglicht so eine präzise Identifikation der Kostenschwerpunkte eines Konstruktionsobjekts. Die Benutzungsoberfläche erlaubt zu jedem Zeitpunkt die Modifikation aller in die Kalkulation einfließenden Daten und Parameter, so daß der Anwender das gesamte Spektrum der Produktmodifikation von der Strukturveränderung bis zur Optimierung einzelner Montagevorgänge durch Umplanung der Montagevorgänge ausnutzen kann. Auch die Effekte einer Modifikation von Arbeitsplatz- und Umfelddaten sind zur Montagekostenoptimierung analysierbar (Bild 30).

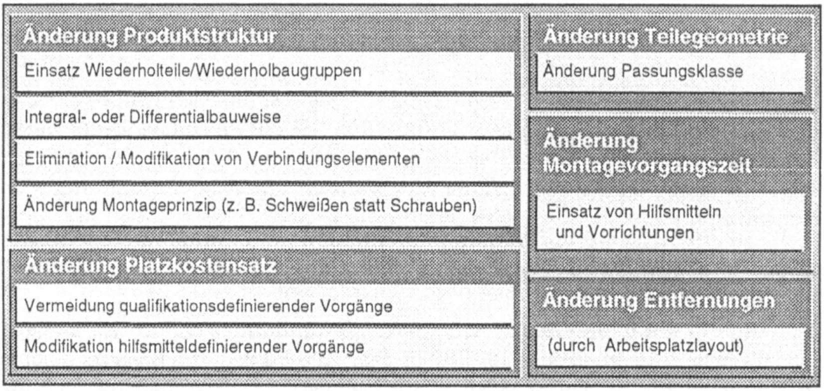

Bild 30: Modifikationsmöglichkeiten zur Montagekostenoptimierung

4.5.3 Kalkulation der Teilefertigungskosten

Zur Kalkulation der Teilefertigungskosten wird ein allgemein anwendbares, regressionsbasiertes Verfahren eingesetzt, das auf die Klassifizierung der Einzelteile und die Teilestammdaten zurückgreift. Die Einflußgrößen Teiledimensionen, Gewicht und Komplexität sind bei großer Ähnlichkeit der Teile innerhalb der Klassen für verläßliche Ergebnisse ausreichend. Als weitere Einflußgrößen für die Regression sind alle Sachmerkmale denkbar, wodurch jedoch der Aufwand für die Datenpflege und die

Ermittlung der Regressionsformeln erheblich ansteigt. In beiden Fällen werden auf der Basis von Erfahrungswerten eines Unternehmens die zukünftigen Kosten ermittelt. Dabei werden implizit die zur Nachkalkulation verwendeten Teilefertigungstechnologien auch für die Neuteile vorausgesetzt; bei Zukaufteilen von verschiedenen Herstellern ist dies eine verallgemeinerte, durchschnittliche Fertigungstechnologie.

Die Erstellung der Regressionsformel wird vom Anwender initiiert. Dies ist angebracht, wenn mindestens ein neuer Wert einer Nachkalkulation für die betrachtete Teileklasse zur Verfügung steht oder ein berücksichtigter Wert nicht mehr relevant ist. Für die Erstellung der Regressionsformel sind klassenspezifische Ansätze wählbar, die die bekannten Charakteristika der Fertigung durch Vorgabe entsprechender Exponenten abbilden können (Bild 31). Alternativ ist ein offener Ansatz möglich, der alle möglichen Ansätze analysiert und den geeignetsten auswählt. Nachteil dieser Vorgehensweise ist die längere Rechenzeit zur Ermittlung der Regressionsformel.

Zum Aufbau der notwendigen Grunddatenbestände besteht die Möglichkeit, Teiledatensätze ohne das Anlegen eines Teilestamms direkt in die Teilefertigungskostenkalkulation einzugeben. Sollte dem Anwender durch Erfahrungswissen aus Arbeitsvorbereitung und Kalkulation eine Kalkulationsformel für die Teileklasse bekannt sein, so kann diese statt einer Regressionsformel verwendet werden. Zur Definition der Kalkulationsformel können die Einflußgrößen der Regression sowie die mathematischen Operatoren kombiniert werden.

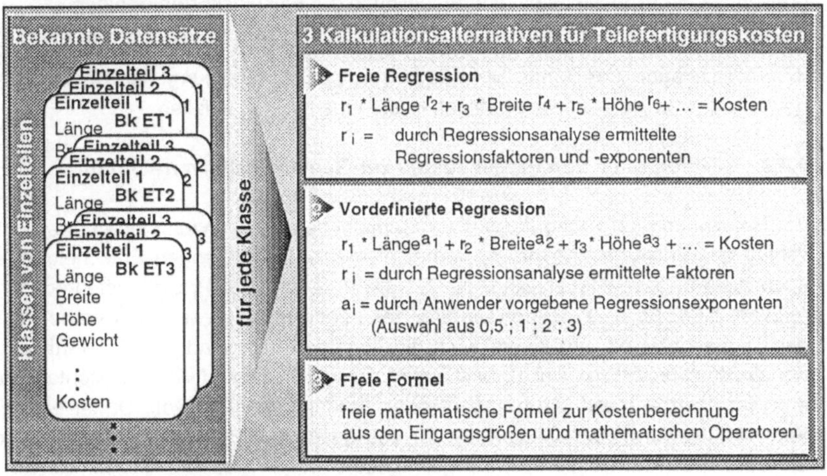

Bild 31: Systematik der Regressionsanalyse

Bei wesentlichen Abweichungen der neu zu kalkulierenden Einzelteile von den bisher in der Klasse enthaltenen Teilen in einem der zu berücksichtigenden Kriterien oder bei Verwendung von neuen Fertigungsverfahren ist das Ergebnis der Kalkulation nicht immer aussagekräftig. Für diesen Fall besteht im Teilestammformular die Möglichkeit, die Teilefertigungskosten zur Vervollständigung der Gesamtanalyse einzugeben.

Für die Teilefertigungskostenkalkulation ist nach der Ausarbeitung im CAD eine analytische, featurebasierte Funktionalität vorhanden. Dabei sind alle Konstruktions-Features relevant, so daß keine Auswahl vom Anwender getroffen werden muß und die Analyse vollständig automatisch ablaufen kann. Die Ergebnisse dieser Auswertungen werden im CAD-System dem Nutzer präsentiert, so daß mit entsprechenden konstruktiven Modifikationen reagiert werden kann.

4.5.4 Kalkulation der Materialkosten

Die Materialkostenkalkulation basiert auf den spezifischen Werkstoffkostensätzen des Kostenrechnungsmodells. Je nach Anwenderdefinition wird eine Rohmaterial- oder Verbrauchsmaterialkalkulation durchgeführt.
Sollte in einem Anwendungsfall keine dieser beiden Alternativen eingesetzt werden, so können über ein Eingabefeld, eventuell nach Abschätzung der beiden Werte, die Materialkosten definiert werden.
Bei Zukaufteilen ist eine Materialkostenkalkulation meist nicht möglich. Material- und Fertigungskosten sind für Zukaufteile in den Fertigungskosten beinhaltet. Alternativ kann für detaillierte Analysen beispielsweise nach dem Einfluß von Rohmaterialpreisen auf die Produktkosten eine Aufsplittung der Einkaufskosten erfolgen.

Die Materialkostenkalkulation ist bei der Definition von Einzelteilen möglich und nach der Spezifikation des Montagemodells zur Vervollständigung der Kostendaten notwendig, um einen aussagekräftigen Kostenüberblick zu erhalten.

4.5.5 Integration von Prozeßkosten zur Gemeinkostenverrechnung

Die Berechnung der Prozeßkosten zur Gemeinkostenverrechnung ist erst beim Abschluß des Entwurfs sinnvoll, da vorher die prozeßdefinierenden Entscheidungen noch nicht abgeschlossen sind, die für die Prozesse der Prozeßkostenrechnung relevant sind. So ist z. B. der Umfang der Wiederholteilverwendung vorher nicht genau quantifizierbar und daher auch die Anzahl der notwendigen Teilefertigungs-Konstruktionsprozesse nicht zu bestimmen. Einige Prozesse (wie z. B. Montageplan erstellen) sind nur auf Baugruppen- oder Produktebene sinnvoll. Daher wird die Verrechnung von Prozeßkosten nur für das gesamte Produkt nach Abschluß des Entwurfs und in der Ausarbeitung angewendet.

Zur Kalkulation der Prozeßkosten sind die für das Produkt anfallenden Prozesse zu quantifizieren. Teilweise werden diese Prozesse während der ASCET-Anwendung, z. B. bei der Anlage eines neuen Einzelteils, initiiert und können vom System automatisch berücksichtigt werden. Andere Prozesse, deren Anzahl sich nicht aus dem Modellierungsvorgang ableiten läßt, werden vom Anwender quantifiziert (Bild 32).

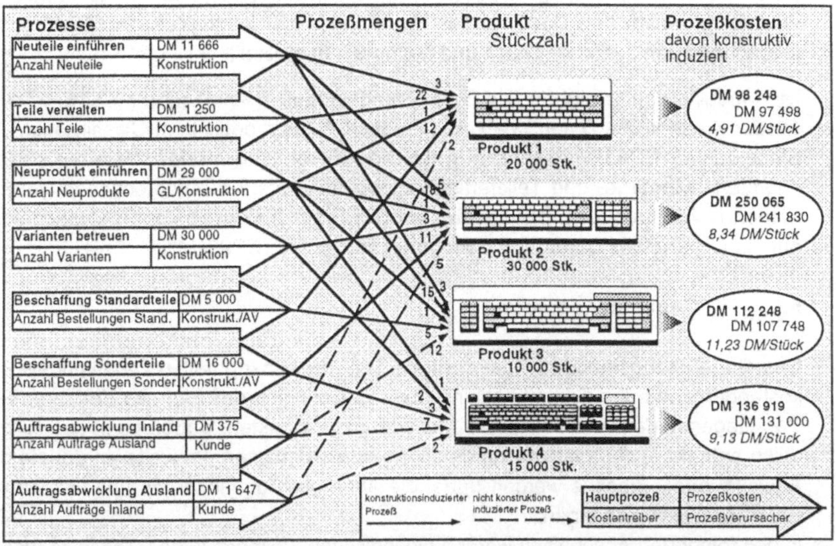

Bild 32: Konstruktionsinduzierte Prozeßverrechnung reduziert Gemeinkosten

Die gesamten Prozeßkosten werden auf die geplante Gesamtstückzahl eines Produkts über dessen Lebensdauer verrechnet. Eine weitere Detaillierung der Prozeßkostenumlage auf Einzelteile und Baugruppen mit spezifischen Stückzahlen ist in der betrieblichen Praxis kaum möglich, könnte jedoch ergänzend realisiert werden. Die nicht über Prozesse den Produkten zurechenbaren Gemeinkosten werden über einen Restgemeinkostensatz prozentual den Herstellkosten zugerechnet.

Die verwendeten Prozesse, deren Prozeßkosten und der Restgemeinkostensatz sind, wie die anderen Kostenstrukturdaten, innerbetrieblich zu ermitteln, in das System zu integrieren und dort zu pflegen. Mit diesen Voraussetzungen kann durch die Integration der Prozeßkosten in die Systemfunktionalität eine bessere Kostentransparenz auch im Gemeinkostenbereich erzielt werden und eine langfristig die Kostenstruktur verändernde Arbeitsweise eingeleitet werden.

5 Entwurf der Verfahrensobjekte

Die im vorigen Kapitel vorgestellten Funktionen des Verfahrens werden im folgenden als Basis für die detaillierte Ausgestaltung der Verfahrensobjekte und der Objektmodellierung verwendet. Dazu werden die Objekte der konzeptuellen Objektmodellierung mit ihren zentralen Daten und Methoden dargestellt.

Die Modellierung erfolgt für das Gegenstandsmodell in Anlehnung an STEP. Daher werden wesentliche Daten, wie z. B. "Product", "Mass" oder "Item-Classification", im Sinne von /STEP93/ verwendet. Für das Kostenrechnungsmodell sowie das kostenorientierte Montage- und Teilefertigungsmodell konnte auf entsprechende Normierungen nicht zurückgegriffen werden, da STEP zur Abbildung von Kostenaspekten nur ein allgemeines Datum "Cost Property" vorsieht /STEP93/.

5.1 Gegenstandsmodell

Das Gegenstandsmodell ist der zentrale Teil des konzeptuellen Datenmodells zur kostengerechten Produktentwicklung, dessen Definition das Ziel des Verfahrens ist. Das Gegenstandsmodell kann die Modelle von Produkten, Baugruppen und Einzelteilen enthalten, die ausreichend detailliert werden müssen. Im weiteren Verlauf des Anwendungsprozesses werden dabei die anfänglich unbekannten und unscharfen Daten detailliert und ergänzt.
In den folgenden Abschnitten werden die logischen Teilmodelle des Gegenstandsmodells erläutert. Dabei wird auf die unterschiedlichen Zustände des Gegenstandsmodells während des Entwicklungsprozesses eingegangen und jeweils die zentralen Daten und Methoden werden aufgezeigt.

Die Daten und Methoden des Gegenstandsmodells werden jeweils in einer möglichst abstrakten Klasse definiert, d. h. bei Relevanz für alle Kinder im jeweiligen Eltern-Objekt. In den folgenden Darstellungen des Gegenstandsmodells und seiner Teilmodelle wird deshalb eine Unterscheidung nach Produkt-, Baugruppen- und Einzelteilklassenmodell durchgeführt.

5.1.1 Administrationsmodell

Im Administrationsmodell (AdMo) werden die Informationen gespeichert, die zur Identifikation, Verwaltung und Verwendung der Datenbestände benutzt werden. Funktionalitäten zur Wiederholteilsuche und zum Verwendungsnachweis basieren auf den Daten dieses Teilmodells. Diese Daten (Tab. 6) sind für jede Aggregationsstufe relevant (Ausnahme: Verwendungsnachweis nicht für Produkte) und werden im Anwendungsprozeß des Datenmodells weitgehend automatisch ermittelt. Die Methoden des Administrationsmodells (Tab. 7) dienen der Unterstützung der administrativen Datenhaltung und sind von anderen Teilmodellen weitgehend isoliert (Bild 33).

Die folgenden Übersichten der Modelle und Teilmodelle enthalten die zentralen Daten und Methoden eines jeden Modells. Für die Daten ist eine Definition, die Herkunft und der Gültigkeitsbereich (P, BG oder ET) angegeben. Methoden werden mit einer Definition, den notwendigen Eingangsdaten und deren Herkunft (meist Eingabe oder anderes Modell) sowie den Ergebnisdaten spezifiziert.

Datum	Definition	Herkunft	Gültigkeit
Name	Natürlichsprachlicher Name oder alphanumerischer Identifkationscode des Gegenstandsmodells.	Eingabe	P, BG, ET
Bearbeiter, Datum	Identifikation des Anwenders und des Erstellungsdatums, wird aus der Log-In-Prozedur übernommen.	Methodenergebnis	P, BG, ET
Klasse	Klassifikation des Gegenstandsmodells in bestehende oder neue Klassen.	Auswahl	P, BG, ET
Zeichnungsobjekt	Natürlichsprachliche Referenz auf zugeordnetes Zeichnungsobjekt zur Visualisierung.	Auswahl	P, BG, ET
Zeichnungsnummer	Alphanumerische Identifikation des Zeichnungsobjekts.	Eingabe	P, BG, ET
Verwendungsnachweis VN	Liste der Gegenstandsmodelle (P, BG), die das aktuelle Gegenstandsmodell (BG, ET) enthalten.	Methodenergebnis	BG, ET
Sachmerkmalleiste SML	Liste von klassenspezifischen Sachmerkmalen.	Eingabeliste	P, BG, ET

Tab. 6: Zentrale Daten des Administrationsmodells

Methode	Definition	Eingangsdaten	Ergebnisdaten
Neues Objekt	Einstieg in mehrere Auswahl- und Eingabefunktionen, zur Anlage eines neuen Objekts.	-	Objektstammdaten
Neue Klasse	Anlage einer Einzelteil-, Baugruppen oder Produktklasse (betriebsspezifische Klassifikation).	-	Klassenspezifika
Get Bearbeiter, Datum	Name und Datum werden zur Identifikation des Erstellers und des Erstellungsdatums aus der Log-In-Prozedur übernommen.	(autom. bei Neuanlage Objekt)	Name, Datum
Get Klasseninfo	Stammdatensatz und Sachmerkmalsliste werden aus Klassenstammdaten vererbt, damit sind strukturelle Eigenschaften definiert.	Klassendefinition (Auswahl)	Stammdatensatz, SML
Update Verwendungs–nachweis	Bei der neuen Verwendung von ET und BG wird der Verwendungsnachweis um diese Information ergänzt, um bei Objektänderungen die Referenz auf die betroffenen BG und P zu verfolgen.	Zusammensetzung (SMo)	VN aktuell
Objektsuche	Zur Förderung der Wiederholverwendung von ET und BG werden nach Eingabe der Suchkriterien alle entsprechenden Objekte ermittelt.	Suchkriterien (Eingabe)	Liste(n) zutreffender Objekte

Tab. 7: Zentrale Methoden des Administrationsmodells

Weitere Methoden des Administrationsmodells verwalten das Anlegen von Sachmerkmalleisten und das Löschen von Objekten und Klassen. Diese Funktionen sind besonders komplex, da jeweils die Verwendung geprüft werden muß und ggf. dem Anwender die Aktion verweigert wird.

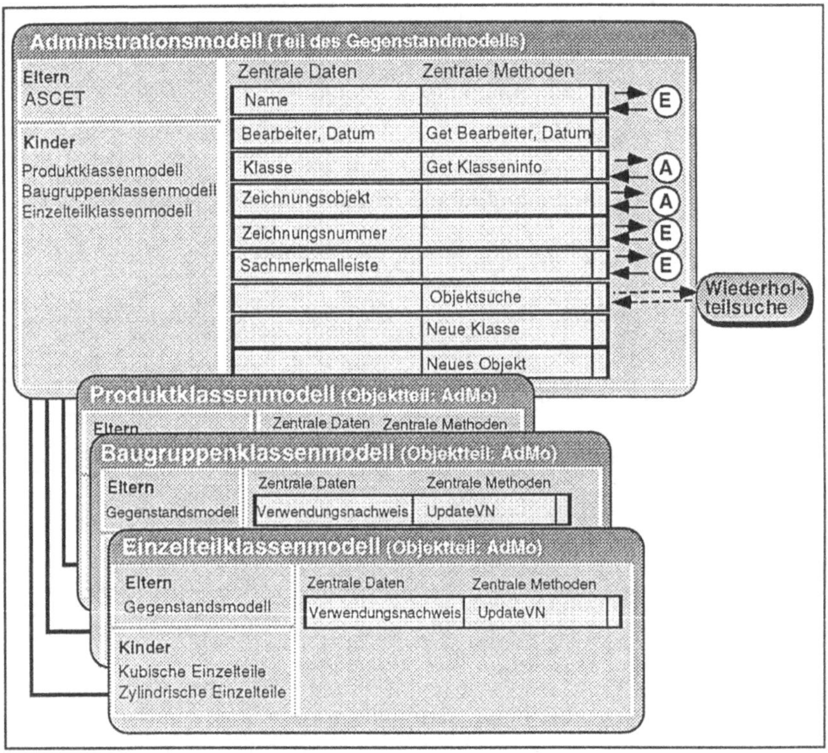

Bild 33: Vererbungssstruktur des Administrationsmodells

5.1.2 Anforderungsmodell

Das Anforderungsmodell (AnMo) beschreibt den kostenrelevanten Ausschnitt der Anforderungsliste sowie als zentralen Parameter der Produktentwicklung die geplante Stückzahl (Bild 34). Für den Target-Costing-Prozeß sind auch die Zielkosten für das gesamte Produkt sowie - soweit bekannt - für die Baugruppen und Einzelteile relevant. Die Dekomposition der Produktzielkosten auf Baugruppen und Einzelteile ist nicht Gegenstand des Anforderungsmodells, da eine automatische Vorgehensweise zu starr wäre, um die Flexibilität des Konstruktionsprozesses abzubilden. Daher werden diese Daten im Bedarfsfall vom Anwender spezifiziert und vom System auf Plausibilität geprüft.

Datum	Definition	Herkunft	Gültigkeit
Zielkosten ZK	Zielkosten können für jede Aggregationsebene definiert werden. Prozeßkosten und Restgemeinkosten werden nur auf Produktebene verrechnet.	Eingabe	P, BG, ET
Alphanumerische Anforderungen	Textfeld zur Verwaltung beliebiger Anforderungen an das Konstruktionsobjekt.	Eingabe	P, BG, ET
Stückzahl S	Die Berechnung der anteiligen Prozeßkosten erfolgt auf der Basis der erwarteten Stückzahl der hergestellten Produkte.	Eingabe	P

Tab. 8: Zentrale Daten des Anforderungsmodells

Methode	Definition	Eingangsdaten	Ergebnisdaten
Check Zielkosten	Check auf Stimmigkeit mit Zielkosten der höheren Hierarchiestufen.	(autom. bei Neuanlage)	ggf. Warnung

Tab. 9: Zentrale Methoden des Anforderungsmodells

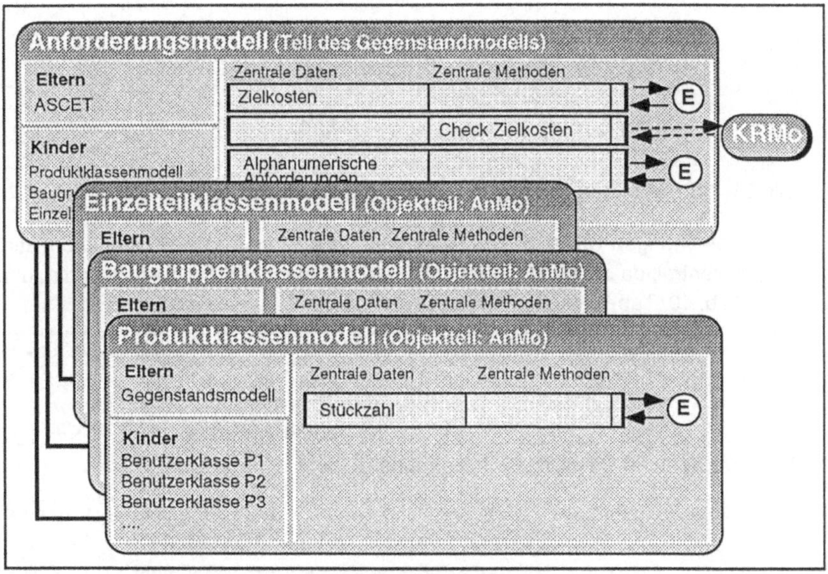

Bild 34 : Vererbungsstruktur des Anforderungsmodells

5.1.3 Strukturmodell

Das Strukturmodell der Produktbeschreibung definiert die Zusammensetzung der Produkte und Baugruppen aus weiteren (Unter-)Baugruppen und Einzelteilen sowie

- nach der Ausarbeitungsphase - die Featurezuordnung der Einzelteile. Das Strukturmodell von Produkten und Baugruppen dient als Grundlage für die Montagemodellierung und beschreibt die Montagestruktur des Produkts. Das Strukturmodell der Einzelteile wird zur Teilefertigungskostenkalkulation verwendet.

Für die Berechnungsmethoden wird eine Notation der Hierarchiestufen und dazugehörigen Montagevorgänge eingeführt (Bild 35). Dabei werden die Montagevorgänge von Baugruppen oder Produkten zur Hierarchiestufe dieser Objekte gezählt.

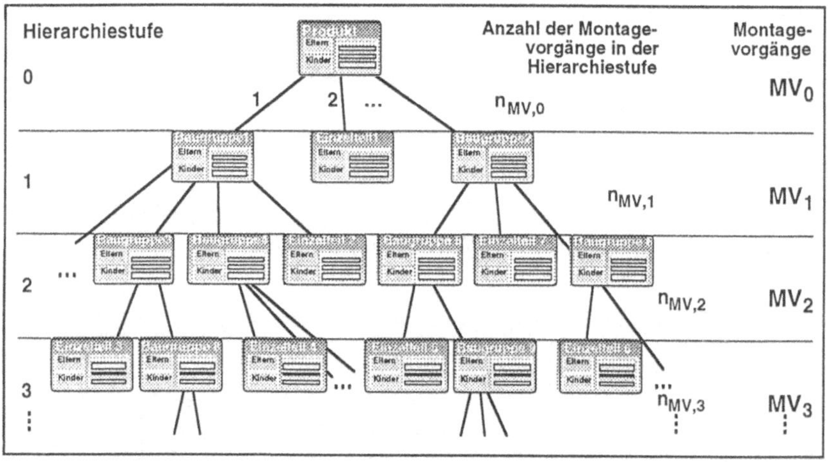

Bild 35: Strukturdefinition und Hierarchienotation eines Produkts

Trotz des geringen Umfangs des Strukturmodells ist es für das Kosteninformationssystem zentral, da die gesamte Produkt-, Baugruppen- und Teiledefinition darauf aufbaut (Tab. 10, Tab. 11).

Datum	Definition	Herkunft	Gültigkeit
Zusammensetzung	Produkte und Baugruppen bestehen aus Baugruppen und Einzelteilen, die in der Zusammensetzung aufgelistet sind.	Auswahl	P, BG

Tab. 10: Zentrale Daten des Strukturmodells

Methode	Definition	Eingangsdaten	Ergebnisdaten
Zufügen	Einzelteile oder Baugruppen werden der vorhandenen Produktstruktur (Baugruppe, Produkt) hinzugefügt.	Auswahl des ET / der BG	Produktstruktur neu
Strukturübersicht	Funktionsaufruf des Listengenerators zur Darstellung der Strukturübersicht von Produkten und Baugruppen.	Identifikation des Objekts	(Darstellung der Strukturübersicht)

Tab. 11: Zentrale Methoden des Strukturmodells

Weiterhin ist die Methode "Entfernen" von Strukturelementen im Strukturmodell als Umkehrung des "Zufügen" vorhanden.

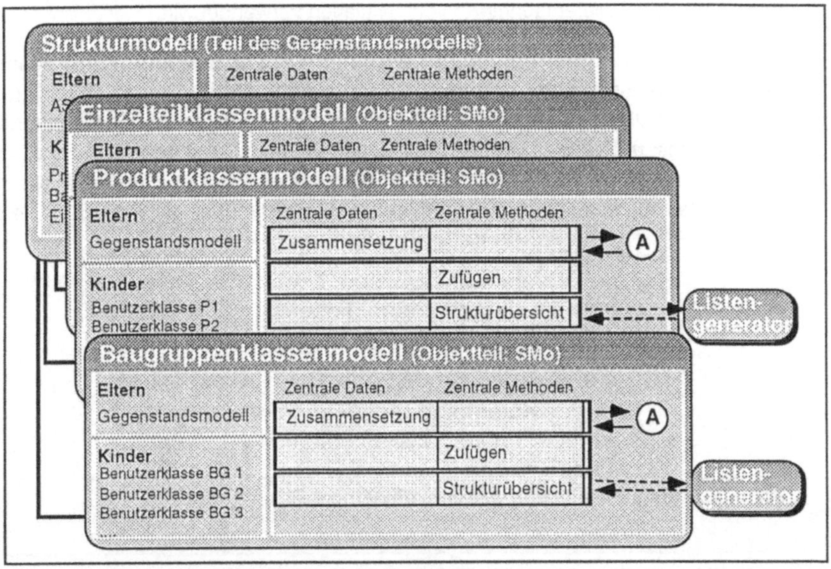

Bild 36: Vererbungsstruktur des Strukturmodells

5.1.4 Geometriemodell

Das Geometriemodell beschreibt die für die ausgewählten Vorkalkulationsverfahren notwendigen Geometriedaten der Produkte, Baugruppen und Einzelteile (Tab. 12).

Datum	Definition	Herkunft	Gültigkeit
Maße L, B, H, bzw. L, D	Länge, Breite und Höhe für beliebige Körper, bzw. Länge und Durchmesser für zylindrische Körper	Eingabe	P, BG, ET
Masse m	Die Masse des Objekts wird durch die Massenberechnung ermittelt. Für Einzelteile kann sie auch vom Anwender eingegeben werden.	Methodenergebnis, ggf. Eingabe (ET)	P, BG, ET
Werkstoff WS	Werkstoff des Einzelteils, wird zur Massenberechnung verwendet	Auswahl	ET
Featureliste FL	Liste aller montage- und fertigungsrelevanten Features	Featurebasiert. CAD	ET, BG
Komplexität C	Wert (1,2,3 oder 4) der die Komplexität eines Bauteils in Relation zum Klassendurchschntt beschreibt; 1 = einfacher, 2 = durchschnittlich, 3 = komplexer, 4 = erheblich komplexer)	Eingabe	ET

Tab. 12: Zentrale Daten des Geometriemodells

Das Geometriemodell (Bild 37) beschränkt sich auf die zur Vorkalkulation notwendigen Daten Maße, Masse und eine Komplexität von Einzelteilen, die in der Regressionsformel der Teilefertigungs-Kostenkalkulation verwendet wird.

Für die Anwendung nach der Ausarbeitung im featurebasierten CAD-System wird das Modell entsprechend erweitert, die vorläufigen Daten werden präzisiert und durch die detaillierte Featurebeschreibung der Informationsgehalt des Geometriemodells verbessert. Features werden dem Geometriemodell und nicht dem Strukturmodell zugeordnet, da sie wie die anderen Geometriedaten der Einzelteile aus dem CAD-Modell übernommen und nicht direkt im Gegenstandsmodell modifiziert werden.

Methode	Definition	Eingangsdaten	Ergebnisdaten
Volumenberechnung	Berechnet das Volumen des Hüllkörpers zur Massekalkulation des Rohlings.	L, B, H bzw, D (GMo)	V
Massenberechnung	Berechnet überschlägig die Masse des ET aus dem Volumen des Hüllkörpers und der spezifischen Dichte des Werkstoffs, bzw. die Masse von BG und P aus der Masse der höheren Hierarchiestufen.	V (GMo), ρ (KRMo), bzw. m (GMo)	m

Tab. 13: Zentrale Methoden des Geometriemodells

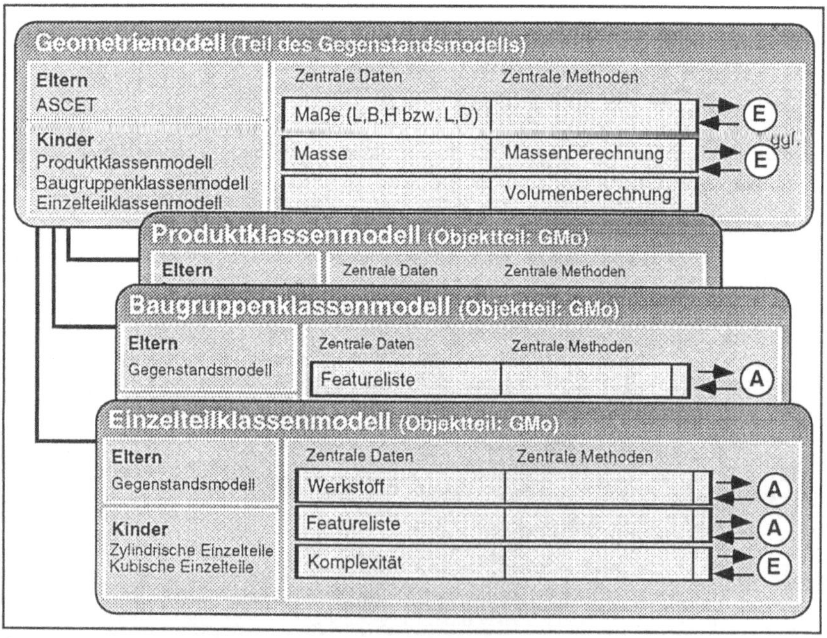

Bild 37 : Vererbungsstruktur des Geometriemodells

Die Methoden des Geometriemodells basieren auf elementaren Formeln:
Die Masse eines Einzelteils m_{ET} berechnet sich aus dem Volumen des Hüllkörpers V_H und der spezifischen Dichte des Werkstoffs ρ_{WS}:

$$m_{ET} = V_H \cdot \rho_{WS} \qquad (4)$$

Das Volumen des Hüllkörpers V_H von Einzelteilen ergibt sich je nach Basisgeometrie aus den maximalen Dimensionen L, B, H bzw. L und D des Einzelteils.
Die Masse eines Produkts m_P wird aus den Massen der Baugruppen der Hierarchiestufe 1 $m_{BG,1}$ und den Massen der Einzelteile der Hierarchiestufe 1 $m_{ET,1}$ ermittelt:

$$m_P = \sum m_{BG,1} + \sum m_{ET,1} \qquad (5)$$

Nach diesem Schema lassen sich die Massen der Baugruppen $m_{BG,k}$ anderer Hierarchiestufen k errechnen, indem jeweils die Massen der enthaltenen Baugruppen und Einzelteile der Hierarchiestufe k+1 ($m_{BG,k+1}$ bzw. $m_{ET,k+1}$) aufaddiert werden:

$$m_{BG,k} = \sum m_{BG,k+1} + \sum m_{ET,k+1} \quad | \; BG_{k+1} \in BG_k, ET_{k+1} \in BG_k \qquad (6)$$

Eine weitere Methode verwaltet die Featureliste bei Kopplung zu einem featurebasierten CAD-System.

5.1.5 Montageprozeßmodell

Im Montageprozeßmodell werden die spezifischen Montageprozesse zum Zusammenbau eines Produkts oder einer Baugruppe in der für die Kalkulation notwendigen Detaillierung beschrieben. Prinzip dieser Montageprozeßmodellierung ist die sequentielle Montage, bei der ein Fügeteil (ET oder BG) durch einen Vorgang an ein Basisteil (ET oder BG) montiert wird.

Zur Definition des Montageprozesses werden für jeden Montagevorgang die verwendete Basis, das Fügeteil, die Anzahl der Montagevorgänge, die Passungsklasse und die Entfernung am Montagearbeitsplatz definiert. Die Daten der Montageprozeßtupel sind Bestandteil des Montageprozeßmodells (Tab. 14). Die Definition erfolgt in der Montagemodellierung. Die Auswertung der Montageprozeßtupel mit der Kalkulation der Vorgangszeiten wird im Montage- und Teilefertigungsmodell vorgenommen, die Aggregation der Montagevorgangszeiten für Baugruppen und Produkte im Montageprozeßmodell. Dadurch sind die Methoden der MTM-UAS-Auswertung, -Pflege und -Definition von den gegenstandsspezifischen Daten getrennt.

Weitere Daten des Montageprozeßmodells sind für die anders gearteten Anforderungen der featurebasierten Montagemodellierung notwendig. Die Montageprozeßtupel enthalten einen Sichtfaktor, der die MTM-UAS Fälle mit oder ohne Sichtbehinderung abdeckt und den Druckfaktor, der Montageprozesse mit oder ohne Druckaufwand definiert. Ebenso sind die für die Montage relevanten Features von Einzelteilen und Baugruppen als Teilemenge aller Fertigungs-Features im Montageprozeßmodell aufgelistet, da sie Grundlage für die featurebasierte Montagemodellierung sind.

Datum	Definition	Herkunft	Gültigkeit
Montage-vorgang MV	Montageteilprozeß, bestehend aus Montageaktionen, zur Montage von Basis und Fügeteil.	Auswahl	P, BG
Anzahl MV n_{MV}	Anzahl identischer Montagevorgänge bei mehrfacher Montage identischer Fügeteile.	Eingabe	BG, ET
Passungs-klasse PKl	Passungsklasse nach der Definition von MTM-UAS: eng, ungefähr oder lose. Die Passung richtet sich nach dem Montagevorgang und kann ggf. geändert werden.	Methoden-ergebnis, ggf. Auswahl	BG, ET
Entfernung d	Bewegungsdistanzen der Montage, Standardwert 50 cm, kann bei Kenntnis des Arbeitsplatzlayouts geändert werden.	Eingabe	BG, ET
Platzkosten-satz pks	Kostensatz des Montagevorgangs.	Methoden-ergebnis	P, BG
Montagevor-gangszeit t_{MV}	Zeit zur Durchführung eines Montagevorgangs unter definierten Bedingungen.	Methoden-ergebnis	P, BG
Einzel-montagezeit t_{EM}	Summe der Montagevorgangszeiten für alle direkten Montagevorgänge zur Montage einer Baugruppe oder eines Produkts.	Methoden-ergebnis	P, BG
Gesamt-montagezeit t_{GM}	Summe der Einzelmontagezeiten einer Baugruppe oder eines Produkts über alle höheren Hierarchiestufen.	Methoden-ergebnis	P, BG

Tab. 14: Zentrale Daten des Montageprozeßmodells

Die Gesamtmontagezeit eines Produkts $t_{GM,0}$ (Hierarchiestufe 0) ist gleich der Summe der Montagevorgangszeiten t_{MV} über alle Hierarchiestufen n_k und alle Montagevorgänge innerhalb der jeweiligen Hierarchiestufe

$$t_{GM,0} = \sum_{j=0}^{n_k} \sum_{i=1}^{n_{MV,j}} t_{MV,i,j} \tag{7}$$

Für die Berechnung unter Berücksichtigung der Verwendung von Zwischenergebnissen ist der folgende Ansatz aussagekräftiger:

$$t_{GM,0} = t_{EM,0} + \sum_{j=1}^{n_{BG,1}} t_{GM,BG,1,j} \tag{8}$$

Die Gesamtmontagezeit eines Produkts $t_{GM,0}$ wird aus der Summe der Einzelmontagezeiten für das Produkt $t_{EM,0}$ und der Summe der darin enthaltenen Gesamtmontagezeiten der Baugruppen aus Hierarchiestufe 1 $t_{GM,BG,1}$ berechnet. Allgemein gilt:

$$t_{GM,BG,k} = t_{EM,BG,k} + \sum_{j=1}^{n_{BG,k+1}} t_{GM,BG,k+1,j} \quad \middle| BG_{k+1} \in BG_k \tag{9}$$

Die Einzelmontagezeit eines Produkts $t_{EM,0}$ ist die Summe der Zeitbedarfe für die Montagevorgänge auf Hierarchiestufe k=0

$$t_{EM,0} = \sum_{i=1}^{n_{MV,0}} t_{MV,0,i} \qquad (10)$$

beziehungsweise für Baugruppen der Hierarchiestufe k

$$t_{EM,BG,k} = \sum_{i=1}^{n_{MV,BG,k}} t_{MV,BG,k,i} \qquad (11)$$

Mit Gleichung (10) und (11) in (8) ergibt sich z. B. für Produkte mit vier Hierarchiestufen (0 für das Produkt bis 3 für die Einzelteile) folgende Berechnungsformel:

$$t_{GM,0} = \sum_{i=1}^{n_{MV,0}} t_{MV,0,i} + \sum_{j=1}^{n_{BG,1}} \left(t_{EM,BG,1,j} + \sum_{i=1}^{n_{BG,2}} t_{GM,BG,2,i} \right) \; \middle| BG_{k=2} \in BG_{k=1} \qquad (12)$$

Die notwendige Zeit zur Durchführung eines einzelnen Montagevorgangs t_{MV} wird im Montage- und Teilefertigungsmodell ausgewertet.

Methode	Definition	Eingangs-daten	Ergebnis-daten
Berechnung Einzel-montagezeit	Berechnung der Einzelmontagezeit t_{EM} eines Produkts oder einer Baugruppe aus den Montagevorgangszeiten t_{MV}.	t_{MV} (MPMo)	t_{EM}
Berechnung Gesamt-montagezeit	Berechnung der Gesamtmontagezeit t_{GM} eines Produkts oder einer Baugruppe aus den Gesamtmontagezeiten der beinhalteten Baugruppen t_{GM} und den zugeordneten Einzelmontagezeiten t_{EM}.	t_{GM} (MPMo) höherer Hierarchie, t_{EM} (MPMo)	t_{GM} (niederer Hierarchie)
Bestimmung Platzkosten-satz	Auswahl des zur Kalkulation verwendeten Platzkostensatzes aus drei verschiedenen Verfahren (bei detailliertem MFMo).	pks der einzelnen MV	pks für alle MV

Tab. 15: Zentrale Methoden des Montageprozeßmodells

Ebenfalls im Montageprozeßmodell ist die Information über den jeweils für die Baugruppe verwendeten Platzkostensatz abgelegt, der bei einem detailliertem Montage- und Teilefertigungsmodell nach den drei beschriebenen Arten ermittelt werden kann.

Weitere Methoden des Montageprozeßmodells dienen der Definition von Montagevorgängen und Fixzeiten. Ebenso sind die Methoden für Sonderfälle der Montagevorgangsdefinition, die von der Standard-Vorgehensweise ein neues Fügeteil mit einem Montagevorgang zu montieren abweichen, im Montageprozeßmodell definiert.

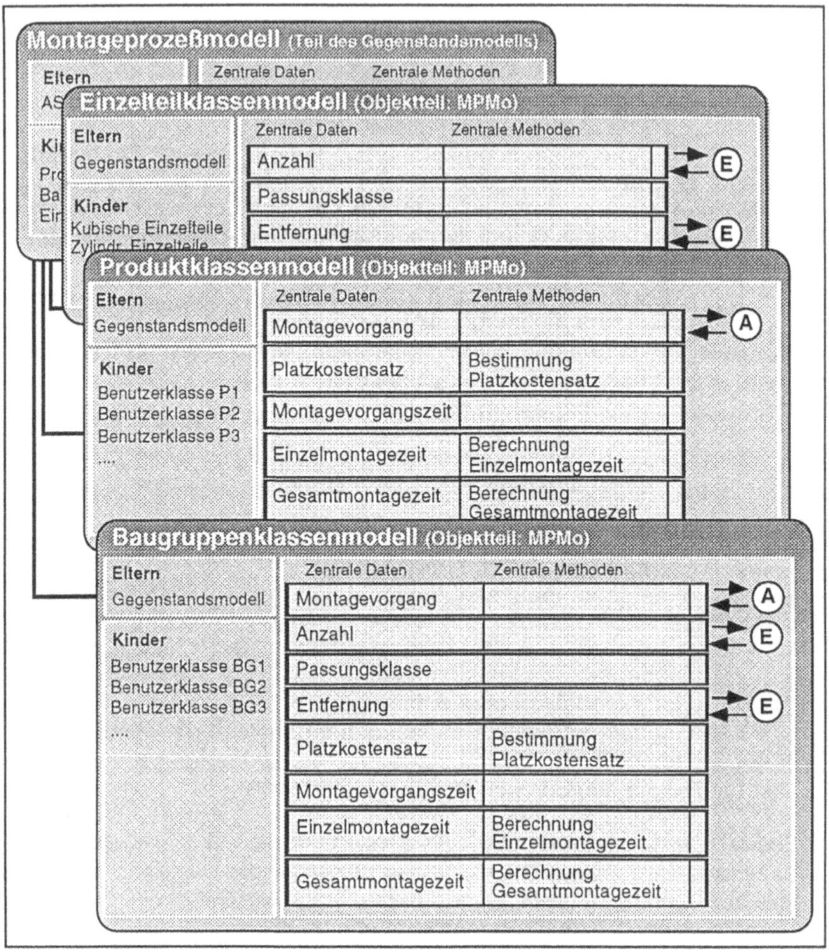

Bild 38 : Vererbungsstruktur des Montageprozeßmodells

5.1.6 Kostenmodell

Das Kostenmodell (KMo) beinhaltet für alle Hierarchiestufen des Gegenstandsmodells die Kosten von Einzelteilen, Baugruppen und Produkten. Dabei wird zwischen Material-, Montage- und Teilefertigungskosten sowie Gemeinkosten unterschieden. Die Montagekosten werden differenziert in die Einzelmontagekosten für die direkten Montageaufwände der jeweiligen Hierarchiestufe und die Gesamtmontagekosten auch unter Berücksichtigung integrierter Baugruppen. Zur Verrechnung von Gemeinkosten werden die Prozeßkosten auf der Basis der induzierten Prozesse ermittelt. Die nicht Prozessen zuzuordnenden Gemeinkosten werden über den Restgemeinkostensatz pauschal verrechnet.

Das Kostenmodell wird für diese Analysen eng mit dem Kostenrechnungsmodell verknüpft (Bild 39), so daß es selbst keine Methoden enthält. Dies ergibt sich aus der Trennung von allgemeinen Kostenrechnungsmethoden im Kostenrechnungsmodell und der Speicherung der objektspezifischen Kostendaten im Kostenmodell (Tab 16).

Datum	Definition	Herkunft	Gültigkeit
Materialkosten MaK	Kosten für den Werkstoff von Einzelteilen.	Meth.-Erg. (KRMo)	P, BG, ET
Montage-kosten MK	Kosten der Montage auf aktueller Hierarchie-stufe.	Meth.-Erg. (KRMo)	P, BG
Einzelmon-tagekosten EMK	Kosten der Montageprozesse zur direkten Montage der Einzelteile und Baugruppen einer Baugruppe oder eines Produkts.	Meth.-Erg. (KRMo)	P, BG
Gesamtmon-tagekosten GMK	Summe der Einzelmontagekosten und der Gesamtmontagekosten höherer Hierarchiestufen.	Meth.-Erg. (KRMo)	P, BG
Teileferti-gungskosten FK	Kosten für die Teilefertigung von Einzelteilen (ohne Materialkosten). Für Zukaufteile u. ä. können die FK auch vom Anwender eingegeben werden, die MaK sind in diesem Fall beinhaltet.	Meth.-Erg. (KRMo) ggf. Eing.	P, BG, ET
Prozeßkosten PK	Kosten für verursachte Gemeinkosten-Prozesse.	Meth.-Erg. (KRMo)	P
Restgemein-kosten RGK	Gemeinkosten, die nicht über Prozeßkosten zu verrechnen sind, per Zuschlagssatz verrechnet.	Meth.-Erg. (KRMo)	P
Herstellkosten HK	Herstellkosten nach der Definition des Kosten-rechnungsmodells.	Meth.-Erg. (KRMo)	P, BG, ET
Selbstkosten SK	Selbstkosten nach der Definition des Kosten-rechnungsmodells.	Meth.-Erg. (KRMo)	P

Tab. 16: Zentrale Daten des Kostenmodells

Auch bei den Kostendaten zeigt sich eine qualitative Verbesserung während des Konstruktionsprozesses von den ersten Kalkulationen auf Basis vorläufiger Daten bis hin zur abschließenden konstruktiven Vorkalkulation auf der Basis der Featuredefinition für Einzelteil- und Montagekalkulation, sowie der Quantifizierung der Prozeß- und Restgemeinkosten. Die Verläßlichkeit der Werte kann vom Anwender aufgrund der Anwendungsphase eingeschätzt werden. Bei einer Berechnung der Teilefertigungskosten mit der regressionsbasierten Methode wird zusätzlich ein Vertrauensindex angegeben, der aus der Varianz der Regression ermittelt wird.

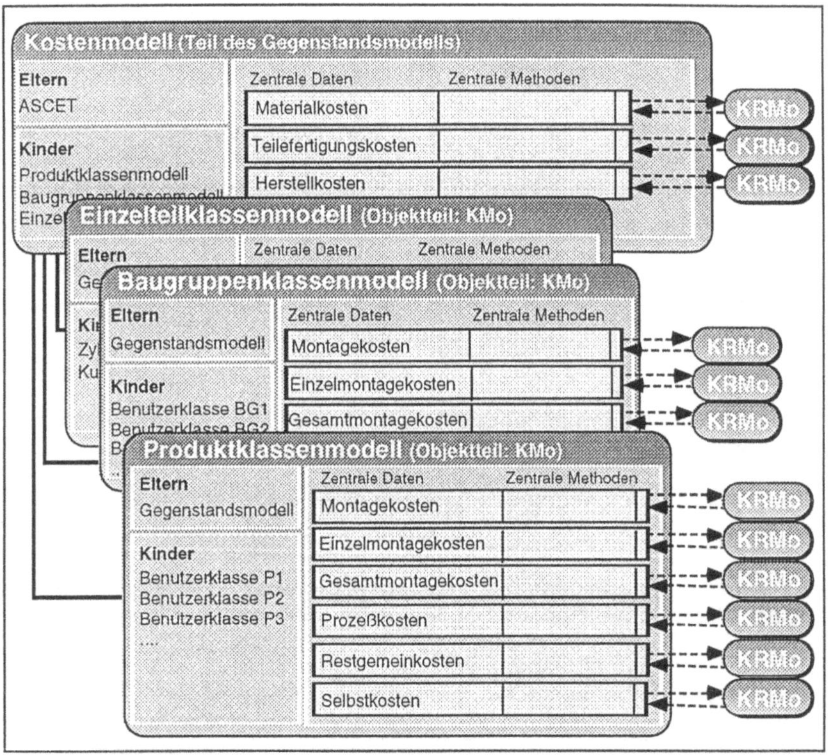

Bild 39 : Vererbungsstruktur des Kostenmodells

5.1.7 Gemeinsame Daten der Gegenstandsteilmodelle

Die Darstellung des Gegenstandsmodells durch Teilmodelle erschwert die Übersicht über gemeinsame Daten aller Gegenstandsmodelle. Nur diese gemeinsamen Daten können übergreifend im Elternobjekt der Produkt-, Baugruppen und Einzelteilklassenmodelle abgelegt und von dort an alle Objekte vererbt werden (Bild 40).
Das Montageprozeß- und das Strukturmodell beinhalten keine Daten, die direkt im Gegenstandsmodell abgebildet und auf alle Objekte vererbt werden können. Dies liegt an den Unterschieden von Einzelteilen und zusammengesetzten Objekten. Für die Modellierung eines integrierten Gesamtsystems wurden daher weitere wesentliche Daten erst in den Unterklassen des Gegenstandsmodells definiert. Die Synergieeffekte liegen hauptsächlich im Administrationsmodell und sind so gering, daß andere Kosteninformationssysteme auf eine ganzheitliche Modellierung von Montage- und Teilefertigungskostenkalkulation verzichten.

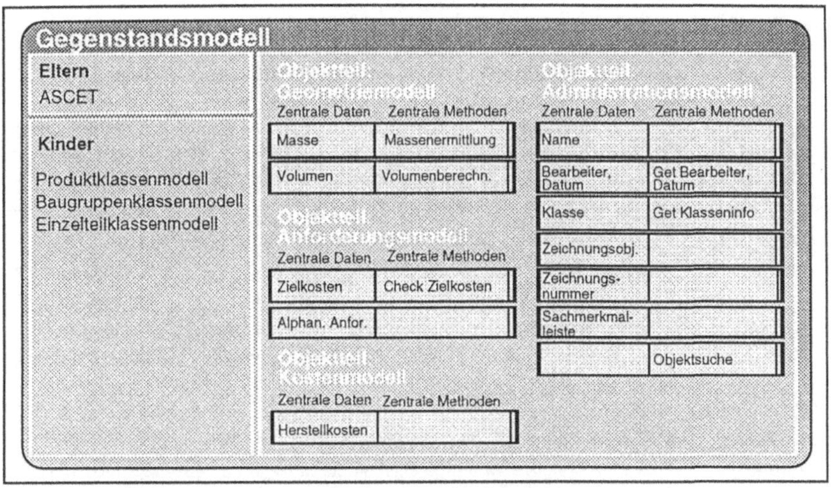

Bild 40 : Gemeinsame Daten der Gegenstandsmodelle

5.2 Montage- und Teilefertigungsmodell

Das Montage- und Teilefertigungsmodell umfaßt für den Bereich der Montage die Montagevorgangszusammensetzung aus MTM-UAS-Bausteinen sowie Montagetechnologieinformationen, wie vorhandene Montageanlagen und -plätze. Für die Teilefertigung liegen durch die Regressionsanalyse implizit allgemeine Fertigungsdaten vor, die bei der featurebasierten Teilefertigungs-Prozeßkalkulation durch detaillierte Daten von Fertigungsanlagen und -hilfsmitteln ersetzt werden.
Das Montage- und Teilefertigungsmodell beschreibt die für die Produktrealisierung notwendigen Ressourcen in einer für die Vorkalkulation entsprechenden Sichtweise und Detaillierung. Dabei wird aufgrund der Kostenrelevanz der Strukturdefinition von Produkten die Montage detaillierter als die Teilefertigung betrachtet.

Die Modellierung der Montagetechnologie kann im Verlauf des Anwendungsprozesses zur Erhöhung der Kalkulationsgenauigkeit verfeinert werden. Dabei können von einem pauschalen Stundensatz für einen Montagearbeitsplatz bis hin zu spezifischen Kostensätzen von Montageanlagen mit Montageplätzen, die für ausgewählte Montagevorgänge mit Hilfsmitteln und Werkzeugen ausgerüstet sind, verschiedene Detaillierungsstufen modelliert werden. Damit wird gewährleistet, daß sowohl für die rasche Analyse von Strukturvarianten als auch für die genaue Analyse von Montageprozeßvarianten ein angemessenes Modell zur Verfügung steht.
Für die Elemente des Montage- und Teilefertigungsmodells wird eine Klassenstruktur zur effizienten Datenhaltung verwendet. So sind für die Detaillierung der Montagetechnologie die Montageanlagen, Montageplätze sowie Hilfsmittel und Werkzeuge mit erweiterbaren Klassenstrukturen in erweiterbaren Klassen abgelegt.

Datum	Definition	Herkunft
Montagevorgangszusammensetzung	Liste der Montageaktionen, aus denen ein Montagevorgang zusammengesetzt ist, inkl. Spezifikation von Einzel- und Wiederholvorgang.	Eingabe (im Montagevorgangseditor)
Montageaktionen MA	Elementare Bausteine des manuellen Montageprozesses, standardisiert durch MTM-UAS (klassifiziert abgelegt).	MTM-UAS (Datenhaltung im Montagevorg.-ed.)
MTM-UAS-Tabelle	MTM-UAS-Tabelle mit den Vorgabezeiten für die zulässigen Fälle und den Kriterien zur Fallauswahl.	MTM-UAS (Datenhaltung im Montagevorg.-ed.)
Festzeiten t_{fix}	Montagezeit, die unabhängig von konstruktiven Einflußgrößen ist, kann vom Benutzer definiert werden (klassifiziert abgelegt).	Eingabe (im Montagevorg.-ed.)
Zuschlagsatz auf MTM z_t	Zuschlagsatz, der summarisch alle Erholungs- und Verteilzeiten beinhaltet, für gesamtes KRMo einheitlich.	Eingabe
Montagetechnologie	Beschreibung der Montagetechnologie durch Montageanlagen, - plätze, Werkzeuge und Hilfsmittel.	Eingabe (im Montagevorg.-ed.)

Tab. 17: Zentrale Daten des Montage- und Teilefertigungsmodells

Methode	Definition	Eingangsdaten	Ergebnisdaten
Definition Montagetechnologie	Definition der Montagetechnologie als Zusammensetzung von Montageanlagen mit Montageplätzen, die Hilfsmittel und Werkzeuge für spezifische Montagevorgänge bereithalten	z. B. Montageplätze mit Detaildaten	Neue Montageanlage
Ermittlung Montagevorgangszeit	Ermittlung der Montagevorgangszeit t_{MV} als Summe der Montageaktionszeiten nach MTM-UAS, bei Wiederholvorgängen können einzelne Montageaktionen mehrfach einfließen	t_{MA} (MPMo), n_{MV} (MV)	t_{MV}
Ermittlung Montageaktionszeit	Zeit jeder Montageaktion auf Basis der MTM-UAS-Tabelle unter Berücksichtigung des Geometriemodells von Basis und Fügeteil, der Passung sowie der Entfernung am Arbeitsplatz	MA (MV), GMo (B, FT), d (MPMo), PKI (MPMo)	t_{MA}

Tab. 18: Zentrale Methoden des Montage- und Teilefertigungsmodells

Die notwendige Zeit zur Durchführung eines einzelnen Montagevorgangs ergibt sich aus der Summe der Werte für einzelne Montageaktionen nach MTM-UAS oder als betriebsspezifische Festzeit, die in der Datenbank verwaltet wird.

$$t_{MV} = \sum_{i=1}^{n_{MV}} n_{MA} \cdot t_{MA,i} \quad \left| \begin{array}{ll} t_{MA,i} = UAS(MA, m, PKI, d) & \text{für MTM – Auswertung} \\ t_{MA,i} = t_{MA,i,fix} & \text{Datenbankwert} \end{array} \right. \qquad (13)$$

Zur Zeitermittlung von Wiederholvorgängen werden die mehrfach auftretenden Montageaktionen mit dem Multiplikationsfaktor n_{MA} gewichtet.

Weitere Methoden des Montage- und Teilefertigungsmodells verwalten das Anlegen von Festzeiten, Montagevorgängen, Montageplätzen und von Hilfsmitteln und Werkzeugen. Dabei sind auch Konsistenzprüfungen bei der Modifikation des Montage- und Teilefertigungsmodells enthalten, so daß z. B. beim Löschen einer Komponente die Verwendung in allen enthaltenen Montageprotokollen überprüft und ggf. verweigert wird.

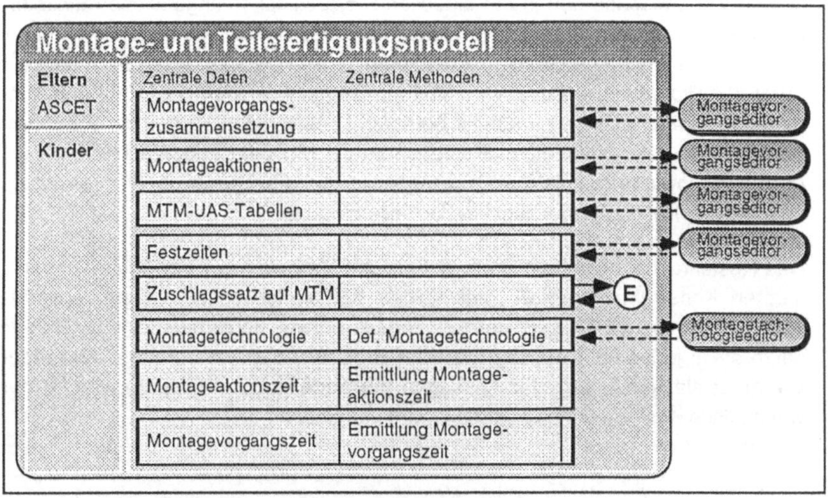

Bild 41 : Das Montage- und Teilefertigungsmodell

5.3 Kostenrechnungsmodell

Das Kostenrechnungsmodell (KRMo) definiert die für alle Kalkulationen verwendeten Kostenrechnungsschemata und besteht ergänzend aus allgemeinen Kostendaten wie Werkstoffkostensätzen, Maschinenstundensätzen sowie Gemeinkosten. Es basiert auf den Prinzipien der gängigen, differenzierten Zuschlagskalkulation, die zur besseren Kostentransparenz modifiziert und detailliert wird. Durch die Integration von Maschinenstundensatzrechnungsprinzipien wird der Fertigungsgemeinkostenanteil reduziert und darüber hinaus durch konstruktionsinduzierte Prozeßkosten zu großen Anteilen verursachungsgerecht verrechnet. Eine weitere Detaillierung beispielsweise der Betriebsmittelkosten in Abschreibungen, Zinsen, Energie-, Raum-, Wartungs- und Instandhaltungskosten wurde nicht vorgenommen, da dies das Kostenrechnungs- und auch das Kostenmodell komplizierter macht, ohne die Aussagekraft für die Vorkalkulation nennenswert zu erhöhen. Die dadurch zu kalkulierenden Kostenanteile an den Selbstkosten eines Produkts sind gering. Der direkte Bezug von Gegenstands- zu Kostenmodelldaten ist nicht gegeben oder intransparent, wodurch die Akzeptanz des Anwenders schwindet.

Das Kostenrechnungsmodell unterscheidet daher Montage-, Teilefertigungs-, Material-, Prozeß- und Restgemeinkosten und beinhaltet die entsprechenden Methoden zur Ermittlung dieser Kostenblöcke. Die einzelnen Daten der Kostenblöcke werden vom Kostenrechnungsmodell errechnet und in den Kostenmodellen der jeweiligen Gegenstandsmodelle gehalten. Dabei werden die Montagekosten aus den Montagezeiten des Montagemodells und den Kostensätzen berechnet. Bei den Montagekosten wird zwischen den in der aktuellen Hierarchiestufe angefallenen Einzelmontagekosten und den Gesamtmontagekosten inklusive aller Montagekosten höherer Hierarchiestufen unterschieden. Die Gemeinkosten werden aus der Analyse der durch die Produktentwicklung verursachten Gemeinkostenprozesse mit den Methoden des Kostenrechnungsmodells berechnet. Außerdem werden im Kostenrechnungsmodell die notwendigen Kostensätze für Montage und Werkstoff verwaltet (Tab. 19), sowie durch die teileklassenspezifischen Parameter der Regressionsgleichungen implizit die Kostenaspekte der Teilefertigung.

Das Kostenrechnungsmodell stellt einheitliche Methoden zur Verfügung, um im gesamten Konstruktionsprozeß gleichartige Kalkulationsschemata zu verwenden. Durch die steigende Qualität der Eingangsdaten wie Montagedauer oder Stundensätze steigt jedoch die Aussagekraft der Ergebnisse im Verlauf einer Anwendung. Dabei ist die Konsistenz der Aussagen gewährleistet und eine Verwirrung durch wechselnde Kostenrechnungsmodelle wird vermieden.

Datum	Definition	Herkunft
Werkstoff-kostensatz wsk	Werkstoffkosten inkl. Materialgemeinkosten pro Masseneinheit.	Eingabe
Platzkostensatz pks	Kosten für Montageplatz (Abschreibungen auf Investitionen, Betriebskosten etc. inkl. Personal) pro Stunde	Eingabe (im Montagetechnologieeditor)
Prozeß-kostensatz pk	Kosten eines Entwicklungsprozesses oder eines entwicklungsnahen Prozesses, die durch konstruktive Entscheidungen verursacht werden.	Eingabe (in Geschäftsprozeß-verwaltung)
Restgemein-kostensatz rgks	Gemeinkosten, die nicht über Prozeßkosten zu verrechnen sind, per Zuschlag auf die Herstellkosten verrechnet (in Prozent).	Eingabe (in Geschäftsprozeß-verwaltung)

Tab. 19: Zentrale Daten des Kostenrechnungsmodells

Die Selbstkosten eines Produkts SK_P werden nach der Anwendung der Prozeßkostenrechnung unter Zugrundelegung der üblichen Zuschlagskalkulation aus den Herstellkosten HK_P, den Prozeßkosten PK_P und den Restgemeinkosten RGK_P berechnet.

$$SK_P = HK_P + PK_P + RGK_P \tag{14}$$

Da sich die anteiligen Restgemeinkosten des Produkts RGK_P durch einen Zuschlagsatz rgks auf die Herstellkosten ausdrücken lassen

$$RGK_P = HK_P \cdot rgks \tag{15}$$

kann die Gleichung (14) umgeformt werden zu

$$SK_P = HK_P(1+rgks)+PK_P \tag{16}$$

wobei sich die Prozeßkosten eines Produkts aus der Summe der (teilweise mehrfach zu berücksichtigenden) Prozeßkosten PK_i auf die relevante Stückzahl S_P ergeben.

$$PK_P = \frac{1}{S_P}\sum_i n_i \cdot PK_i \tag{17}$$

Die Herstellkosten setzten sich aus den drei Blöcken Materialkosten MaK_P, Fertigungskosten FK_P und Montagekosten MK_P zusammen:

$$HK_P = MK_P + FK_P + MaK_P \tag{18}$$

Die Montagekosten eines Produkts MK_p ergeben sich aus der Summe der im Produkt enthaltenen Baugruppen mit k=1 und den Kosten der Endmontage, die sich aus der Einzelmontagezeit des Produkts $t_{EM,0}$ und dem dafür gültigen Platzkostensatz pks_0 ergibt.

$$MK_P = \sum_{i=1}^{n_{BG,1}} MK_{BG,1,i} + t_{EM,0} \cdot pks_0 \tag{19}$$

Die Montagekosten einer Baugruppe der Hierarchiestufe k ergeben sich äquivalent aus den jeweiligen Einzelmontagekosten und den dazugehörenden Gesamtmontagekosten der Baugruppen der Hierarchiestufe k+1.

$$MK_{BG,k} = \sum_{j=1}^{n_{BG,k+1}} t_{GM,BG,k+1,j} \cdot pks_{BG,k+1,j} + t_{EM,BG,k} \cdot pks_{BG,k} \quad | BG_{k+1} \in BG_k \tag{20}$$

Für einen allgemeingültigen Platzkostensatz $pks_0 = pks_{BG,k}$ für alle k ist pks = konst. und die Montagekosten des Produkts lassen sich einfach aus der Gesamtmontagezeit des Produkts $t_{GM,0}$ und dem Platzkostensatz pks_P berechnen.

$$MK_P = t_{GM,0} \cdot pks_P \tag{21}$$

Die Gesamtmontagezeit wird im Montageprozeßmodell errechnet und von dort zur Berechnung herangezogen.

Die Fertigungskosten von Produkten bzw. Baugruppen ergeben sich äquivalent zu:

$$FK_P = \sum_{i=1}^{n_{BG,1}} FK_{BG,1,i} + \sum_{j=1}^{n_{ET,1}} FK_{ET,1,j} \tag{22}$$

$$FK_{BG,k} = \sum_{i=1}^{n_{BG,k+1}} FK_{BG,k+1,i} + \sum_{j=1}^{n_{ET,k+1}} FK_{ET,k+1,j} \quad | BG_{k+1} \in BG_k \tag{23}$$

Die Fertigungskosten eines Einzelteils FK_{ET} können für Zukauf- und Wiederholteile als bekannt vorausgesetzt werden oder diese Daten werden erstmals eingegeben. Alternativ läßt sich hier ein Vorkalkulationswert mit den klassenspezifischen Regressionsformeln mit den Stammdaten Länge L, Breite B, Höhe H, Masse m und Komplexität C als Einflußfaktoren berechnen. Die Regressionfaktoren a und -exponenten b werden klassenspezifisch durch Analyse der Nachkalkulationsdaten ermittelt:

$$FK_{ET} = a_{0,Kl} + a_{L,Kl} \cdot L^{b_{L,Kl}} + a_{B,Kl} \cdot B^{b_{B,Kl}} + a_{H,Kl} \cdot H^{b_{H,Kl}} + a_{m,Kl} \cdot m^{b_{m,Kl}} + a_{C,Kl} \cdot C^{b_{C,Kl}} \qquad (24)$$

Die alternative Berechnung der Teilefertigungskosten auf Basis der Auswertung des Featuremodells wurde beispielhaft für Blech- und Gußteile modelliert.

Die Materialkosten eines Produkts lassen sich aus den Materialkosten der Baugruppen MaK_{BG} und der Einzelteile MaK_{ET} der Hierarchiestufe 1 berechnen.

$$MaK_P = \sum_{i=1}^{n_{BG,1}} MaK_{BG,1,i} + \sum_{j=1}^{n_{ET,1}} MaK_{ET,1,j} \qquad (25)$$

Mit dieser Vorgehensweise lassen sich auch die Materialkosten der Baugruppen berechnen, wobei die Restriktion zu beachten ist, daß die jeweiligen Baugruppen und Einzelteile der Hierarchiestufe k in der übergeordneten Baugruppe der Hierarchiestufe k+1 enthalten sein müssen.

$$MaK_{BG,k} = \sum_{i=1}^{n_{BG,k+1}} MaK_{BG,k+1,i} + \sum_{j=1}^{n_{ET,k+1}} MaK_{ET,k+1,j} \quad | \, BG_{k+1} \in BG_k, ET_{k+1} \in BG_k \qquad (26)$$

Die Materialkosten eines Einzelteils können nach drei verschiedenen Methoden bestimmt werden. Bei einer großen Differenz von spezifischen Werkstoffkosten wsk_{WS} und den erzielbaren Recyclingerlösen, werden die Materialkosten aus dem Hüllvolumen V_H, der ungefähr dem Rohling entspricht, der spezifischen Dichte des Werkstoffs ρ_{WS} und den spezifischen Werkstoffkosten berechnet. Dies wird als Rohlingsmethode bezeichnet. Lassen sich dagegen z. B. bei Edelmetallen im Recycling näherungsweise die Einkaufspreise für Werkstoffe erzielen, so wird direkt mit der Masse des Einzelteils m_{ET} gerechnet. Dies bezeichnet man als Gewichtsmethode. Bei Zukaufteilen sind die kalkulatorischen Materialkosten null, sie sind in den Teilekosten enthalten und lassen sich nicht präzise rekonstruieren.

$$MaK_{ET} = \begin{cases} V_H \ \rho_{WS} \ wsk_{WS} & \text{für Rohlingsmethode} \\ 0 & \text{für Zukaufteile} \\ m_{ET} \cdot wsk_{WS} & \text{für Gewichtsmethode} \end{cases} \qquad (27)$$

Der Anwender bemerkt die Vielzahl und Kompliziertheit der verwendeten Methoden des Kostenrechnungsmodells nicht (Tab. 20). Er initiiert lediglich die Berechnung der Kosten für das aktuelle Gegenstandsmodell.

Methode	Definition	Eingangs-daten	Ergebnis-daten
Berechnung Selbstkosten	Berechnung der Selbstkosten aus Herstellkosten, Prozeßkosten mit Stückzahl und Restgemeinkosten.	HK (KRMo), PK (KRMo),	Selbst-kosten SK
Berechnung Herstellkosten	Summe von Montagekosten, Teilefertigungskosten und Materialkosten auf Produktebene.	MK (KRMo), HK (KRMo), MaK (KRMo)	Herstell-kosten HK
Berechnung Montagekosten	Berechnung der Montagekosten aus der Gesamtmontagezeit des Produkts und des Platzkostensatzes.	t_{GM} (MPMo), pks (MPMo)	Montage-kosten MK
Berechnung Teilefertigungs-kosten	Berechnung der Teilefertigungskosten auf Basis statistischer Werte mit einzelteilklassenspezifischen Parametern. Einflußgrößen sind Länge, Breite, Höhe (ggf. Durchmesser) Masse und Komplexität.	L, B, H, (ggf. D), m, C, (GMo), Parameter (Klasse)	Teile-fertigungs-kosten EK
Berechnung Materialkosten	Berechnung der Materialkosten je nach Verrechnungsart auf Basis von Brutto- oder Nettovolumen und spezifischen Werkstoffkosten WSK.	V (GMo), WSK (KRMo)	Material-kosten MaK

Tab. 20: Zentrale Methoden des Kostenrechnungsmodells

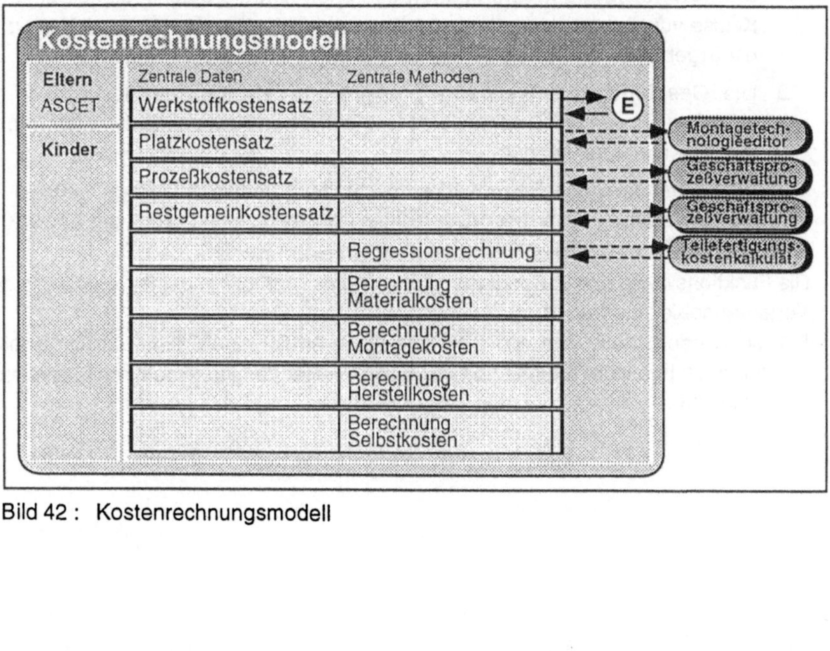

Bild 42 : Kostenrechnungsmodell

5.4 Weitere Objekte für Sonderfunktionen

Unter Berücksichtigung von Vererbungs- und Laufzeitverhalten des objektorientierten Modells wurden einige Sonderfunktionen außerhalb der geschilderten Objekte implementiert. Allen diesen Funktionen ist gemeinsam, daß sie aus den zentralen Objekten heraus aufgerufen werden und nach der Abarbeitung der installierten Methoden die Ergebnisse in diese Objekte zurückgeben. Die wichtigsten dieser Sonderfunktionen sind:

- Zur Suche von Wiederhol-, Zukauf- und Ähnlichteilen läßt sich von vielen Objekten aus die **Wiederholteilsuche** anwählen, die aus dem gesamten Datenbestand der Datenbank die die Kriterien erfüllenden Objekte ermittelt.
- Der **Listengenerator** erstellt für die Komponenten eines Produktes oder einer Baugruppe eine Kostenübersicht, die dem Anwender eine rasche Analyse des Konstruktionsobjekts ermöglicht.
- Der **Montagevorgangseditor** ermöglicht die Erweiterung der Montagevorgänge um betriebsspezifische Komponenten.
- Mit Hilfe des **Montagetechnologieeditors** werden Montageanlagen und deren Komponenten definiert und für die aktuelle Montageaufgabe die jeweiligen Kostensätze bestimmt.
- Die **Teilefertigungskostenkalkulation** analysiert die Datenbestände einer Klasse von Einzelteilen mit regressionsmathematischen Verfahren und stellt die Ergebnisse in Form von Regressionskoeffizienten zur Verfügung.
- Die **Geschäftsprozeßverwaltung** beinhaltet die firmenspezifischen konstruktionsrelevanten Geschäftsprozesse und deren Kosten, die erweitert und modifiziert werden können.
- Eine Sammlung von **Regelwerken** beinhaltet grundlegende Regeln zur kosten-, montage- und fertigungsgerechten Konstruktion und kann vom Anwender auf seine speziellen Bedürfnisse hin erweitert werden.

Die Funktionsweise dieser Sonderfunktionen wurde großteils in der Beschreibung der Verfahrensobjekte erläutert.

Für die Wiederholteilsuche und die Regelwerke erfolgt eine Erläuterung im Kapitel 6.2, da diese Funktionen direkt von der Funktionalität des Implementierungssystems abhängig sind.

6 Implementierung des Kosteninformationssystems ASCET zur integrierten, prozeßbegleitenden Vorkalkulation

In diesem Kapitel wird die Realisierung von ASCET dargestellt. Hierzu wird kurz auf die verwendete Hard- und Software eingegangen, um am Beispiel der zentralen Funktionalität die Realisierung und Anwendungsmöglichkeiten zu erörtern. Abschließend wird die Arbeitstechnik des Gesamtsystems vorgestellt.

6.1 Software-Basis, Betriebssysteme und Hardware

Bei der technischen Realisierung waren primär die Aspekte des Anwenders zu berücksichtigen. Dabei waren zum einen die laufzeitentscheidende Hardware und deren Verfügbarkeit und zum anderen die Anwendung des Systems unter den Gesichtspunkten der Software-Ergonomie /DIN66234/ wie Aufgabenangemessenheit, Selbstbeschreibungsfähigkeit, Steuerbarkeit, Erwartungskonformität und Fehlerrobustheit relevant. Darüber hinaus waren für die Nutzerzufriedenheit die Anpassungs- und Integrationsmöglichkeiten an die anwenderspezifische Umgebung entscheidend. Die verwendete Hard- und Software wurde nach diesen Kriterien ausgewählt.

6.1.1 Verwendete Software

Als Entwicklungs- und Anwendungsumgebung wurde das objektorientierte Datenbanksystem mit integrierter Entwicklungsumgebung HyperWork der Firma PBS, Kiel, jetzt b+m, Kiel, verwendet. HyperWork ist aufgrund einiger Eigenschaften zur Implementierung eines Kosteninformationssystems besonders geeignet. So erlaubt HyperWork, z. B. durch die Integration von Datenhaltung und Oberflächengestaltung, eine durchgängig konsistente Entwicklungsumgebung für alle Phasen der Software-Entwicklung vom User-Interface bis zur Datenhaltung und fördert damit einen Rapid-Prototyping Ansatz bei der Software-Entwicklung.

Objekte in HyperWork setzen sich aus Komponenten zusammen, wobei jede Komponente einen objektweit eindeutigen Namen hat. Komponenten bestehen aus einer Liste von Werten, die auch leer sein kann.
Jedes Objekt hat mindestens vier Komponenten: die Komponente hw_Selbst, die den Namen des Objekts beinhaltet, die Komponente hw_Eltern für die Namen der Elternobjekte, die Komponente hw_Kinder, die die Instanzen einer Klasse beschreibt und die Komponente hw_Daten+Methoden, die die Werte-Komponenten beinhaltet.
Da bei HyperWork eine multiple Vererbung möglich ist, können mehrere, auch wechselnde Eltern aufgeführt sein. Diese dynamische Vererbung kann durch die interpretierende Arbeitsweise des Systems - im Gegensatz zur Kompilierung - auch während der Systemanwendung erfolgen und bietet maximale Flexibilität.
Da innerhalb des integrierten Systems HyperWork auch die Benutzungsoberfläche und die Methoden eines Objekts abgebildet werden, sind den Wertelisten - den Daten - weitere Attribute zugeordnet:

- Layoutattribute bestimmen die Darstellung (z. B. Farbe, Schriftart und -größe) der Komponenten auf dem Bildschirm.
- Aktionsattribute bestimmen die Methoden des Objekts.
- Semantikattribute kontrollieren, wie die Werte einer Komponente (Eingabefeld, Anzeigefeld, Auswahltaste etc.) zu interpretieren sind.

Das Datenbanksystem von HyperWork erfüllt die Charakteristika von objektorientierten Systemen (siehe Anhang 10.2). Ein wesentlicher Vorteil der HyperWork-Architektur (Bild 43) ist die Einsatzfähigkeit auf unterschiedlichen Hardware-Plattformen, die eine Integration in verschiedenen DV-Umgebungen ermöglicht. Mehrere Schnittstellen zum prozeßintegrierten Datenaustausch erlauben die prozeßnahe Integration von HyperWork-Anwendungen in andere Anwendungsprogramme (siehe Anhang 10.2).

Bild 43: HyperWork-Architektur

In HyperWork dient eine graphische Programmierumgebung dazu, die Struktur der Datenbank und die Objekte mit ihren Werten und Aktionen zu manipulieren (Bild 44).

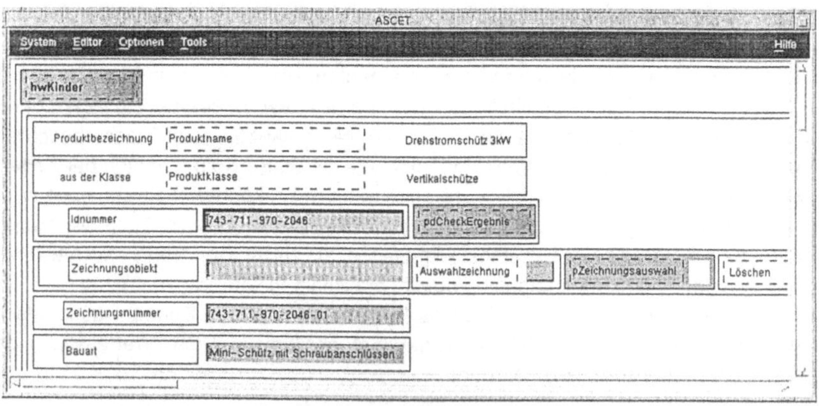

Bild 44 : Entwicklungsoberfläche von HyperWork

Die graphische Entwicklungsoberfläche von HyperWork erlaubt in Verbindung mit der interpretierenden Arbeitsweise des Systems einen einfachen und schnellen Wechsel von Programmierung und Test, der für Software-Rapid-Prototyping notwendig ist.

6.1.2 Betriebssysteme und eingesetzte Hardware

HyperWork - und damit ASCET - ist auf verschiedensten Betriebssystemen lauffähig:

- ❑ AIX3.2
- ❑ HP-UX 9.0
- ❑ SINIX V5.4
- ❑ OS/2 Version 2.X
- ❑ SUN OS 4.X
- ❑ OSF/1
- ❑ Windows/NT Version 3.1

Als Hardware kommen damit leistungsfähige Personal-Computer und Workstations aller Leistungsklassen in Frage. Für die ASCET-Implementierung wurde vornehmlich eine SUN Sparc 10 mit 32 MB Hauptspeicher verwendet. Die Installation von ASCET erfolgte bei verschiedenen Firmen auf unterschiedlichsten Rechnern. Das Laufzeitverhalten entsprach jeweils den Erwartungen an die Prozessorklasse.

6.2 Anwendungsunterstützende Funktionen

Die Realisierung der Grundsätze ergonomischer Dialoggestaltung erfordert über die zentralen Systemfunktionen hinaus weitere Funktionen. Daher wurden zusätzlich zu den bereits aufgeführten unter anderem die folgenden Funktionen implementiert:

- ❑ Wiederholteilsuche
- ❑ Regelwerke zur montage-, fertigungs- und kostengerechten Konstruktion
- ❑ Hilfefunktionen
- ❑ Konstruktionsnotizen

Darüber hinaus wurden zur Realisierung von Aufgabenangemessenheit, Selbstbeschreibungsfähigkeit, Steuerbarkeit, Erwartungskonformität und Fehlerrobustheit in den einzelnen Modulen Detailfunktionen implementiert, auf die hier nicht eingegangen werden kann.

6.2.1 Wiederholteilsuche

Da die Wiederholteilverwendung ein wesentlicher Aspekt der kostengerechten Konstruktion ist, wird diese von ASCET komfortabel unterstützt. Denn die Vorteile der Wiederholteilverwendung sind unumstritten /LHK92/, lediglich die Höhe der Einsparungen schwankt je nach Quelle zwischen DM 500 und DM 3000 /Tho90, EhM90, Eig93/, wobei für komplexe Bauteile oder komplette Baugruppen noch höhere Kostenwerte zu erwarten sind.

Grundlage einer effizienten Wiederholteilsuche (Bild 45) ist ein funktionierendes Klassifizierungssystem. Daher werden bei der Neuanlage von Konstruktionsobjekten in ASCET diese klassifiziert und können zusätzlich mit einer Sachmerkmalleiste /DIN4000/ detailliert beschrieben werden. Dabei kann eine Sachmerkmalleiste von mehreren Klassen genutzt werden /TöH93/. Dieses zweistufige Verfahren von Klassifzierung und Sachmerkmalleiste erlaubt eine sehr genaue Teilebeschreibung. Die Ergebnisse einer Wiederholteilsuche lassen sich in vier Gruppen einteilen, die sich im Umfang der Erfüllung der Suchkriterien und dem weiteren Konstruktionsprozeß unterscheiden /Tho90/:

- Das gefundene Objekt erfüllt in vollem Umfang die vom Konstrukteur gestellten Anforderungen und kann unmittelbar verwendet werden. Sofern die Wiederholteilsuche aus der Produktstrukturmodellierung aufgerufen wurde, kann das Objekt direkt in die aktuelle Produktstruktur integriert werden.

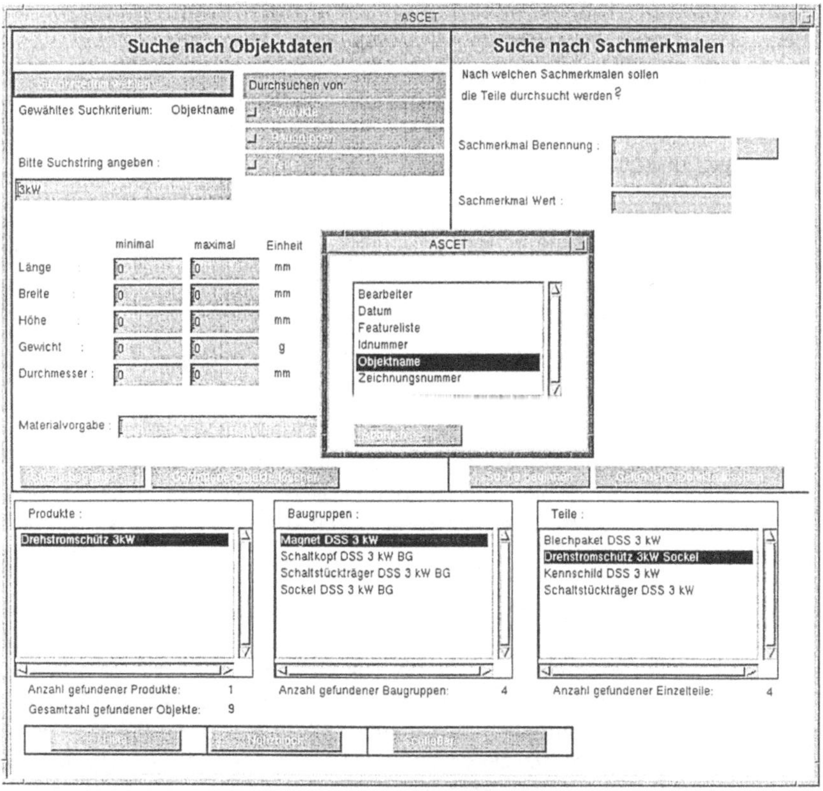

Bild 45: Anwendungsoberfläche der Wiederholteilsuche

- Das gefundene Objekt entspricht den Anforderungen soweit, daß eine "Anpassung" der Anforderungen möglich ist, d. h. das Teil kann ohne Änderungen wiederverwendet werden. Die Integration in das Produkt erfolgt durch

Anpassung anderer Einzelteile und Baugruppen bzw. durch eine Modifikation des Pflichtenhefts. Auch hier kann das Objekt direkt übernommen werden.

- Das Objekt kann nur mit konstruktiven Änderungen eingesetzt werden, da eine Anpassung wie im vorigen Fall nicht möglich ist. Dazu kann eine Kopie der Teilestammdaten modifiziert werden, um das neue Objekt zu definieren.
- Eine Verwendung ist nicht möglich, auch Konstruktions-Know-how kann durch die Wiederholteilsuche nicht wiederverwendet werden. In diesem Fall können die Suchkriterien geändert oder die Suche abgebrochen werden.

Die Effizienz der ersten beiden Fälle ist offensichtlich und auch im dritten Fall, in dem Konstruktions-Know-how wiederverwendet wird, ist in sehr vielen Anwendungen der Aufwand geringer als die Zeit- und Kostenersparnis.

Eine Sonderform der Suchfunktionalität ist der Verwendungsnachweis, der beschreibt in welchen Baugruppen und Produkten ein Einzelteil oder eine Baugruppe verwendet wird. Dies ist für geplante Modifikationen von Objekten oder bei geänderten Zulieferteilen notwendig, bei denen überprüft werden muß, welche Baugruppen und Produkte betroffen sind. Der Verwendungsnachweis ist deshalb als Funktionstaste "Vorkommen zeigen" in den Stammformularen von Einzelteilen und Baugruppen angelegt (Bild 52).

6.2.2 Regelwerke zur fertigungs- und montagegerechten Konstruktion

Bei fehlender konstruktiver Erfahrung des Anwenders oder bei Veränderungen der Betriebsspezifika von Maschinen und Anlagen sind Regelwerke über die Vorteilhaftigkeit von Lösungsalternativen für den Konstrukteur sinnvoll. Konventionellerweise werden diese Regelwerke als schriftliche Dokumentation in Form von Handbüchern u. ä. herausgegeben und nur eingeschränkt angewendet. Einer effizienten Anwendung stehen die Nachteile einer oftmals veralteten Dokumentation entgegen. Diese kann auch bei langwieriger Suche häufig nur generelles Know-how als Hilfe geben, welches die differenzierten Fragestellungen des Anwenders nicht löst.

Daher wurde in ASCET ein Regelwerk integriert, das strukturiert Regeln zur montage-, fertigungs- und kostengerechten Konstruktion enthält (Bild 46). Entsprechend der Anwendung von ASCET in frühen Konstruktionsphasen erfolgte die Zusammenstellung der Regeln. Zusätzlich zu einem Grundbestand an Regeln und erläuternden Beispielen /HeR91/, der in nahezu allen Bereichen des Maschinenbaus Gültigkeit besitzt, lassen sich firmen- oder benutzerspezifische Regeln ergänzen. Die Realisierung als Software erlaubt diese Flexibilität hinsichtlich Änderbarkeit und Erweiterungsfähigkeit nach den jeweiligen Firmenspezifika. Das Regelwerk umfaßt die Bereiche manuelle Montage, automatische bzw. Robotermontage, spanende Fertigung, Blechbearbeitung und Schweißen. Der Zugriff auf die Regeln erfolgt durch Spezifikation der Suchkriterien:

- Anwendungsbreite (allgemeine Regeln, firmenspezifische Regeln),

- Konstruktionsphase (Planung, Konzeption, Entwurf, Ausarbeitung),
- Relevanz der Regel (zentral, wichtig, speziell)
- Montage- oder Fertigungsverfahren

Damit ist eine problemspezifische Auswahl der gesuchten Regeln möglich. Die Regeln erscheinen als Text, der durch graphische Beispiele ergänzt wird. Dabei werden z. B. bei den Montageregeln die Informationen der Suchkriterien ebenso wie die montagetechnischen Vorteile, die betroffenen Montagevorgänge und weitere Erläuterungen angezeigt. Zusätzlich sind auch hier weitere Ergänzungen zu jeder Regel durch Konstruktionsnotizen im Notizblock möglich.

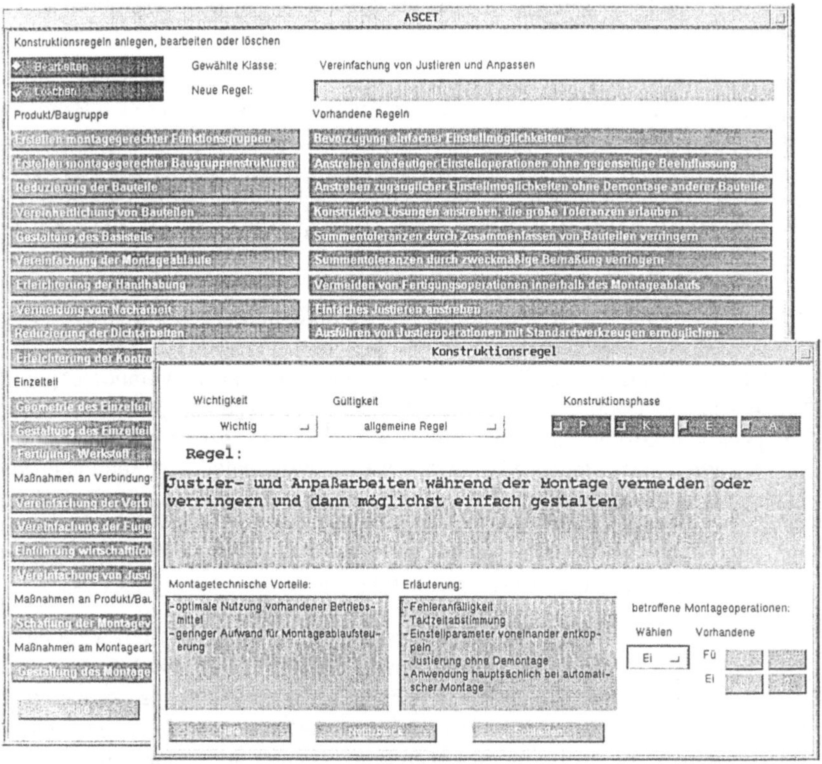

Bild 46: Anwendungsoberfläche der Regelwerke

6.2.3 Hilfefunktionen, Konstruktionsnotizen und Visualisierung

Eine zentrale Rolle für die Benutzerakzeptanz spielen angemessene **Hilfefunktionen**. Dazu wurden im System verschiedene Arten von Hilfestellungen implementiert:

- Aus dem Hauptmenü läßt sich ein selbstlaufendes Demoprogramm starten, das einen kurzen Überblick über die Funktionsweise und Anwendung des Sytems gestattet.
- Ebenfalls aus dem Hauptmenü ist eine generelle Hilfefunktion zu aktivieren, die Grundlagenerklärungen zu allen Funktionen anbietet.
- In jedem Fenster, mit Ausnahme z. B. von einfachen Auswahlfenstern, existiert eine fensterspezifische Hilfetaste, die ein Fenster mit kontextsensitiven Erklärungen zur Funktionalität des Ausgangsfensters beinhaltet.

Damit ist es auch für einen ungeübten Anwender möglich, sich im Regelfall ohne Benutzung des Handbuchs in das System einzuarbeiten (Bild 47). Fehlermeldungen, die jeweils Ursache und mögliche Maßnahmen im Fehlerfall erläutern, unterstützen den Lernprozeß des Anwenders.

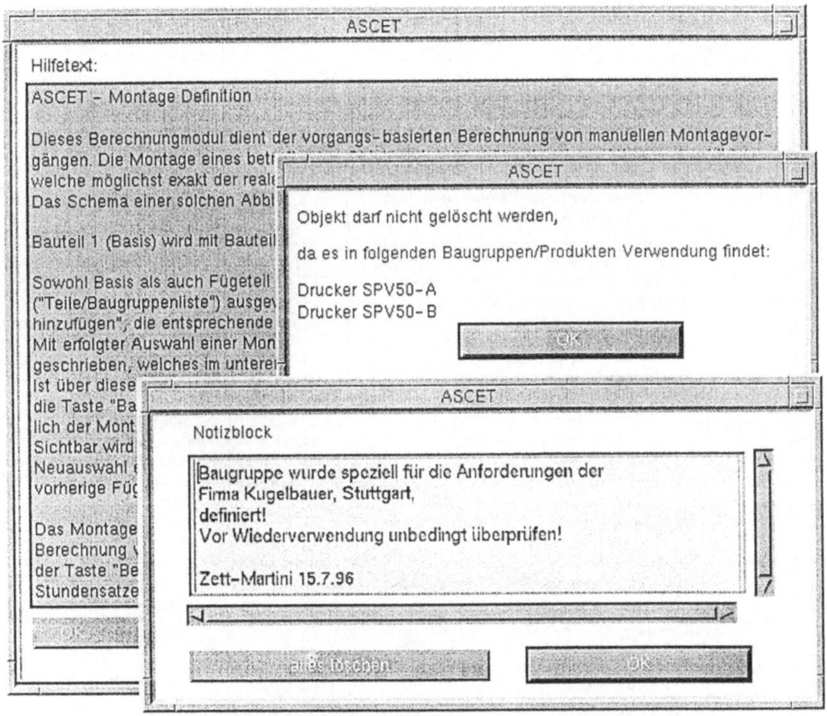

Bild 47: Hilfefenster, Verwendungsnachweis und Konstruktionsnotizen

Eine anwenderspezifische Hilfefunktion kann durch die **Konstruktionsnotizen** im Notizblock aufgebaut werden. Diese Funktion des Systems gestattet es, zu jedem modellierten Objekt und zu vielen Anwendungsmodulen beliebige Hinweise in Textform zu speichern. Damit können ergänzende technische Informationen, z. B. über durchgeführte Überlegungen oder avisierte Einsatzbedingungen, in ASCET abgelegt und so weiteren Anwendern zur Verfügung gestellt werden.

Um die Identifikation von Wiederholobjekten zu erleichtern, steht zusätzlich zur Information aus den Stammdaten auch die Möglichkeit der Integration von Objektzeichnungen zur **Visualisierung** zur Verfügung (siehe auch Beispiel in Bild 50). Diese Zeichnungen können durch die Filterung und Aufbereitung von Daten aus marktüblichen Schnittstellenformaten (DXF, HPGL) als einfache Pixelgrafiken erzeugt und schnell dargestellt werden. Die Zuordnung einer Grafik zu einem Objektmodell erfolgt durch die Auswahl des Files und wird in den Objektstammdaten gespeichert.

Die gesamte Funktionalität stellt sich als ein geschlossenes, ganzheitliches und komfortables System dar, das die gestellten Anforderungen an ein Kosteninformationssystem erfüllt (Bild 48).

Anwendung

Input Beschränkung auf nur wenige berechnungsrelevante Daten ermöglicht Einsatz in frühen Phasen der Konstruktion

Oberfläche
- ❑ graphische Benutzeroberfläche
- ❑ umfangreiche Hilfefunktionalität
- ❑ Konstruktionsnotizen

Output

Kosteninformationen für
- ❑ Entwicklung und Konstruktion
- ❑ Kalkulation
- ❑ Arbeitsvorbereitung

Kostentransparenz
- ❑ Zielkosten mit flexibler Anwendung
- ❑ Transparente Kostenaufschlüsselung

Methoden

Produktstruktur
- ❑ beliebige Komplexität
- ❑ mit Kostenstrukturen
- ❑ auf jeder Ebene rudimentäre Objektdefinition möglich

Integrierte Regelwerke
- ❑ Montagegerechtheit
- ❑ Fertigungsgerechtheit
- ❑ betriebsspezifische Erweiterungen

Ganzheitlichkeit

Teilefertigungskosten
- ❑ mit regressionsmathematischen Verfahren
- ❑ mit benutzerdefinierten Kalkulationsformeln
- ❑ als Fixwert für Zukaufteile
- ❑ aus Featuredefinition

Materialkosten
- ❑ nach Rohmaterialverbrauch
- ❑ nach Netto-Materialverbrauch
- ❑ nach eigener Definition

Montagekosten
- ❑ nach MTM-UAS in konstruktionsangepaßter Abbildung
- ❑ Erweiterbarkeit auf featurebasierte Modelle
- ❑ Sonderfälle der manuellen Montage
- ❑ Abbildung von Montagetechnologien

Prozeßkosten
- ❑ nach betriebsspezifischer Strukturierung
- ❑ einfache Prozeßspezifikation auch ohne sonstige Prozeßkostenrechnung

Softwaretechnische Grundlagen

Softwaretechnik Objektorientierung, C-Schnittstelle

CAD-Kopplung
- ❑ Visualisierung
- ❑ Featurebasierte Analysen

Integrierte Datenbank

Datenhaltung
- ❑ Visualisierung von Bauteilen
- ❑ CIM-Integration durch Datenbankabgleich
- ❑ Sachmerkmalleisten

Datenstrukturierung
- ❑ Klassenbildung
- ❑ Erweiterbare Klassenschemata
- ❑ Klare Datenzugriffswege

Suchfunktionen
- ❑ Verwendungsnachweis für Einzelteile und Baugruppen
- ❑ Teilesuche nach Stammdaten
- ❑ Teilesuche nach Sachmerkmalleisten

Bild 48 : Übersicht der Funktionalität von ASCET

7 Das Kosteninformationssystem ASCET in der praktischen Anwendung

In diesem Teil der Arbeit wird die Anwendung des Verfahrens beschrieben. Dazu wird zunächst ein Anwendungsbeispiel vorgestellt. Die Integration von ASCET in die betriebliche Datenverarbeitung wird mit den Lösungsmöglichkeiten CAD-Kopplung und Integration durch Datenbankkopplung aufgezeigt. Eine Abschätzung des wirtschaftlichen Nutzens sowie eine Einführungskonzeption geben Hinweise zu weiteren anwendungsrelevanten Aspekten. Aufgrund von Anwendungserfahrungen werden im Ausblick weitere mögliche Entwicklungsschritte skizziert.

7.1 Anwendungsbeispiel aus der Elektromechanik

Das nachfolgende Beispiel einer Anwendung von ASCET basiert auf einem industriellen Einsatz und wurde aus Datenschutzgründen anonymisiert.

Für ein Unternehmen der Elektromechanik wurde ein Drehstromschütz (Bild 49) des unteren Leistungsbereichs auf konstruktive Optimierungsmöglichkeiten hin untersucht. Das Produkt wurde in sehr großen Stückzahlen hergestellt. Durch kostengünstige Montage im Ausland war manuelle Montage eine wirtschaftliche Alternative zu starren hochspezialisierten Montageanlagen.
Drehstromschütze werden zum Schalten kleinerer Leistungen im kW-Bereich verwendet. Die Produkte sind kleinvolumig (ca. faustgroß) und werden in kleineren Schaltanlagen oder leistungsstarken Produkten (Waschmaschinen, Aufzüge etc.) eingebaut.

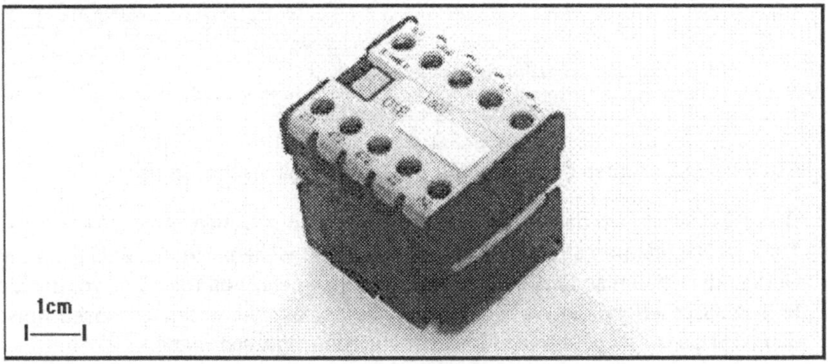

Bild 49: Das Beispielobjekt

Grundlage der Analyse war ein Vergleich der am Markt befindlichen Produkte ähnlicher Funktionalität. Dazu wurden alle Produkte mit Drehstromschütze mit ASCET modelliert. Im folgenden wird die Modellierung des Produkts der Anwenderfirma detailliert vorgestellt. Die Konkurrenzprodukte wurden äquivalent modelliert, wobei für die unbekannten Daten (genauer Werkstoff, Stundensätze etc.) der Fremdprodukte die betrieblichen Daten verwendet wurden. Daher kann von einer Vergleichbarkeit der Ergebnisse im Hinblick auf die Umfeldbedingungen ausgegangen werden.

Zunächst wird der vorliegende Drehstromschütz in ASCET abgebildet. Dazu werden alle Einzelteile mindestens basal angelegt. Da von der Mehrzahl der Teile schon CAD-Zeichnungen vorliegen, können entsprechende Visualisierungen der Teile angeboten werden (Bild 50).

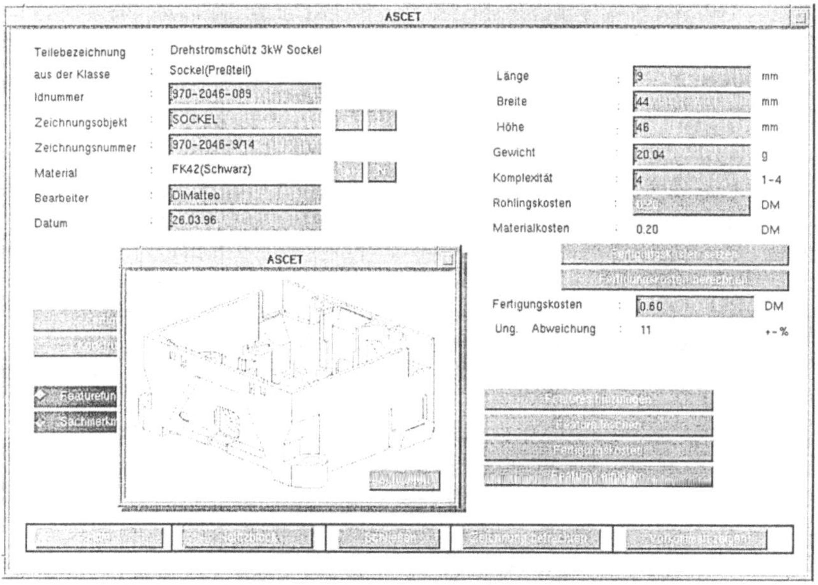

Bild 50: Stammdaten des Einzelteils Sockel 3kW mit Visualisierung

Diese Einzelteile werden in der Strukturdefinition durch Auswahl der verwendeten Teile zu Baugruppen strukturiert, die wiederum in weitere Strukturdefinitionen einfließen können, um so letztendlich das Produkt zu definieren (Bild 51). Vor der Montagedefinition erfolgt die Wahl der Berechnungsmethode, wobei für diesen Anwendungsfall die vorgangsbasierte Montagedefinition eingesetzt wurde.

Die Montagedefinition beginnt mit der Auswahl einer Basis, an die die weiteren Fügeteile der Baugruppe sequentiell montiert werden. Jedes Fügeteil wird zunächst ausgewählt, wobei sich die Liste der zu montierenden Objekte entsprechend reduziert. Aus einem Pop-Up-Fenster wird zunächst die Montagevorgangsklasse, dann der individuelle Montagevorgang ausgewählt, gegebenenfalls die Parameter Passungsklasse, Entfernung und Wiederholhäufigkeit definiert und mit der Auswahl

des nächsten Fügeteils bestätigt. Die Auswertung der Montagevorgänge kann jederzeit auch während der Modellierung durch Tastendruck "Berechnung starten" vorgenommen werden (Bild 52).
Dieser Prozeß von der basalen Einzelteildefinition bis zur Montagedefinition wird zunächst für die Unterbaugruppen, dann für die Baugruppen und letztlich für das Produkt durchgeführt.

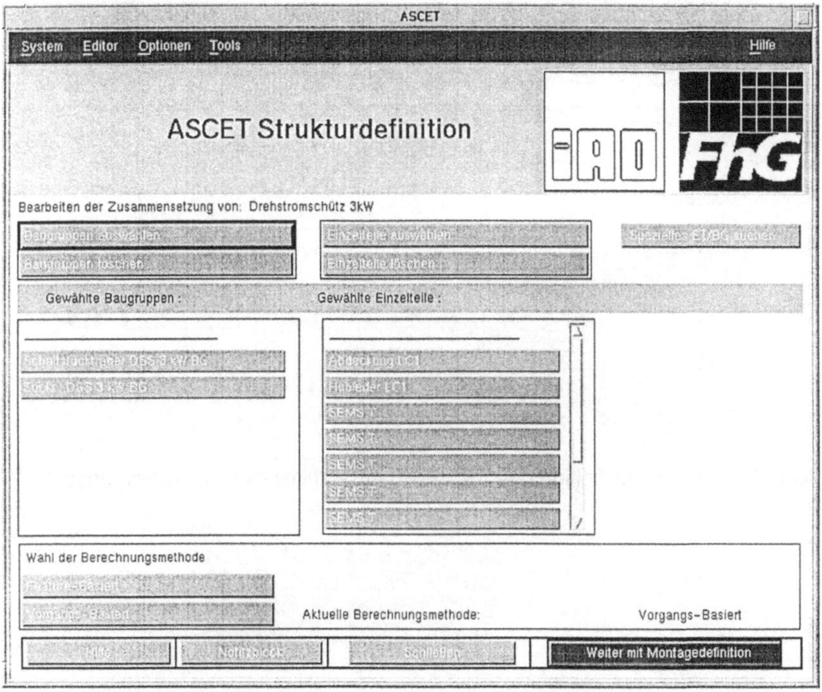

Bild 51: Produktstrukturmodellierung des Produkts DSS 3kW

Eine Gesamtübersicht der Herstellkosten des Produkts bietet im Detail der Listengenerator, der die Daten für die Konstruktionsanalyse anhand der Produktstruktur aufzeigt. Diese Übersicht kann je nach Anwenderauswahl verwendete Montagevorgänge und Werkstoffe oder errechnete Fertigungs-, Montage-, Material- oder Gesamtkosten sowie Montagezeiten anzeigen. Mit diesen Daten kann der Anwender die Kostenschwerpunkte erkennen und dementsprechend weitere Modifikationen am Modell vornehmen (Bild 53).

Strukturübersichten mit den dazugehörigen Informationen können auch für einzelne Baugruppen erzeugt werden.

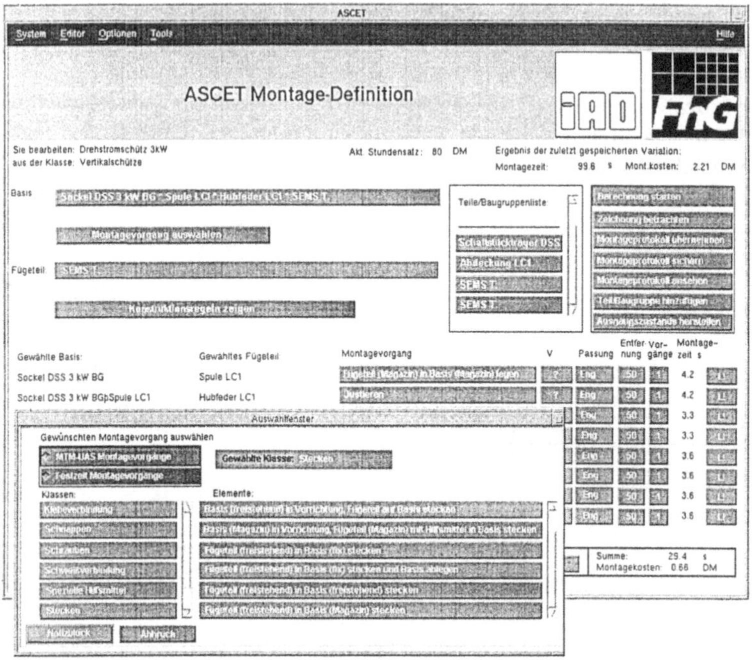

Bild 52: Montagedefinition des DSS 3kW, Auswahl eines Montagevorgangs

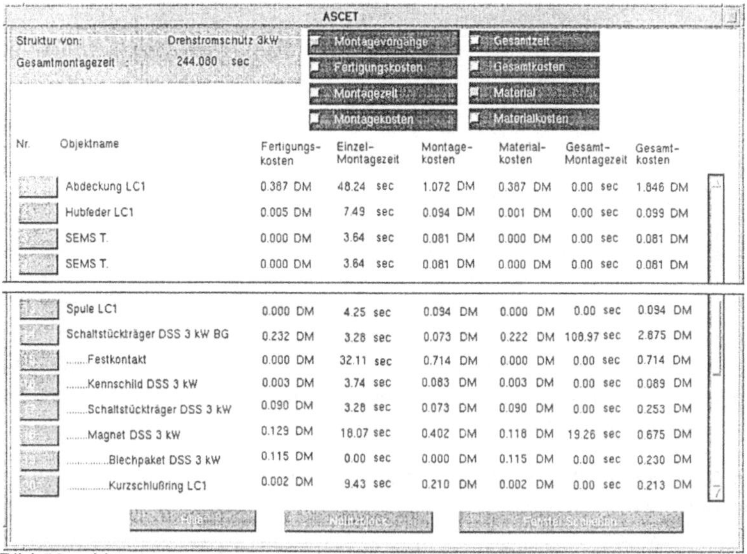

Bild 53: Listengenerator

Der Vergleich der sieben analysierten Fabrikate ergab für das eigene Produkt recht hohe Gesamtkosten bei einer häufig verwendeten Produktgrundkonzeption (Tab. 21). Die sich aus der Analyse ergebenden Kostenrelationen entsprachen den am Markt vorzufindenden Preisrelationen der Produkte.

	Eigene Firma	Firma A	Firma B	Firma C	Firma D	Firma E	Firma F
Montagezeit	216,6 s	196,2 s	187,2 s	233,4 s	196,2 s	173,4 s	170,6 s
Montagekosten	4,81 DM	4,36 DM	4,16 DM	5,18 DM	4,36 DM	3,85 DM	3,78 DM
Fertigungskost.	3,26 DM	3,30 DM	3,27 DM	3,47 DM	3,28 DM	3,21 DM	3,45 DM
Materialkosten	3,17 DM	3,15 DM	3,19 DM	3,14 DM	3,18 DM	3,22 DM	3,19 DM
Herstellkosten	11,24 DM	10,81 DM	10,62 DM	11,79 DM	10,82 DM	10,28 DM	10,42 DM
Teileanzahl	44	51	47	57	45	47	44
Anzahl verschiedener Einzelteile	14	15	18	16	15	17	14
Anzahl verschiedener Baugrupp.	5	5	8	6	6	5	6
Montagezeit nach AV-Analyse	216,0 s	198,3 s	186,1 s	232,9 s	195,8 s	179,4 s	172,5 s

Tab. 21: Grobanalysedaten des Produktvergleichs

Insgesamt waren die Unterschiede in den Produktkosten moderat und entsprachen den wahrgenommenen Qualitätsunterschieden der Produkte, die durch die verschiedenen Produktkonzeptionen und auch Detailausstattungen begründet sind. Bei einem sehr umkämpften Massenmarkt mit geringen Gewinnspannen können jedoch auch geringe Kostenverbesserungen die Gewinnsituation prozentual erheblich verbessern.

Die Produktvergleiche anhand der Anzahl und Vielfalt der Einzelteile und Baugruppen zeigen die verschiedenen Konstruktionsrichtungen mit unterschiedlichen Schwerpunkten hinsichtlich Standardisierung und Montageoptimierung. Eine Korrelation von Anzahl und Vielfalt der Einzelteile und Baugruppen mit dem Montageaufwand ist nicht festzustellen. Zur Montagekostenoptimierung ist in diesem Anwendungsfall die grundlegende Regel der Teilereduzierung nicht ausreichend. Es ist eine detaillierte Montageanalyse durchzuführen, die auch die einzelnen Zeitbedarfe der Montagevorgänge analysiert. Darüber hinaus müssen auch die anderen Kostenblöcke Material und Fertigung sowie die Interdependenzen der drei Kostenblöcke berücksichtigt werden. Diese Notwendigkeit einer ganzheitlichen und tiefgreifenden Vorgehensweise ist für ein ausgereiftes Massenprodukt zu erwarten.

Ein Vergleich der ASCET-Ergebnisse mit einer detaillierten Schätzung einzelner Montagevorgangszeiten durch die AV zeigt eine hohe Übereinstimmung der Werte. Dies überrascht nicht, da die Erfahrungsdaten der AV durch vielfache MTM-Analysen geprägt waren. Die Konkurrenzanalyse war für die Beteiligten motivierend und inspirierte dazu, weitere Optimierungsalternativen zu suchen. Dabei wurden am bestehenden Entwurf Modifikationen auf allen Ebenen analysiert und ausgewählt, um aus vielen kleinen und kleinsten Verbesserungen einen nennenswerten Beitrag zur Kosteneinsparung zu sammeln. Das gewählte und bisher realisierte Funktionsprinzip erwies sich im Vergleich zur alternativen Lösung bei allen untersuchten Produkten als günstiger. Daher wurden keine grundlegende Strukturänderung vorgenommen.

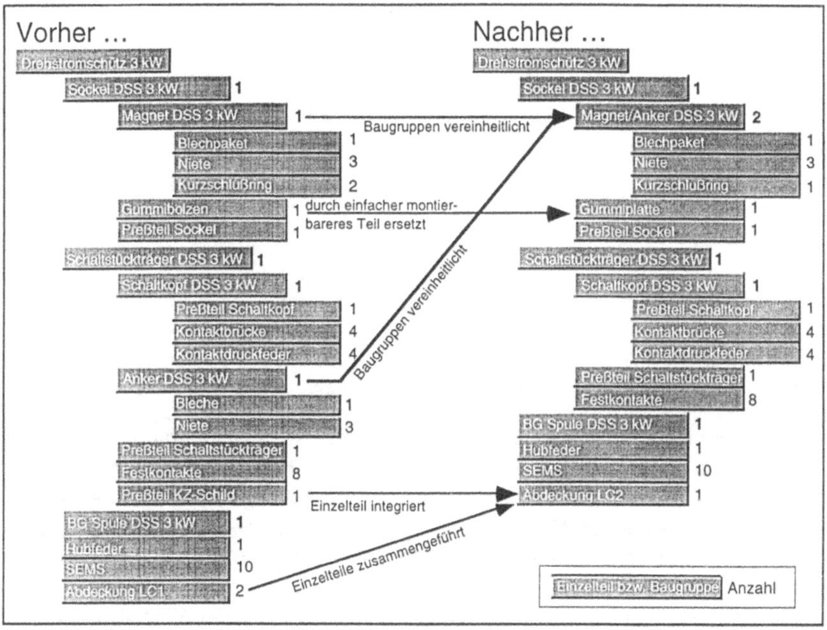

Bild 54: Ergebnis der Produktstrukturmodifikation

Für die Schwingungsdämpfung bei Schaltbewegungen wurde bisher ein Gummistift verwendet, der in den Anker eingeschoben werden mußte und in zwei Halbzylindern des Sockels lagerte. Als alternative Lösung wurde eine Gummiplatte als Dämpfungsglied vorgesehen, die statt durch einen Steckvorgang durch einen einfachen Plazierungs-Vorgang montiert werden kann (Bild 54).

Die Montage der Kurzschlußringe erfolgte bisher für beide Kurzschlußringe in dem Magnet. Durch die Verteilung je eines Kurzschlußrings in den Anker und den Magnet wurden diese beiden Baugruppen vereinheitlicht und unterscheiden sich nur noch in der Funktion, nicht jedoch in der Geometrie.

Ein Kennzeichnungsschild wurde in die Abdeckung integriert. Die Abdeckung selbst, die bisher zweiteilig ausgeführt wurde, konnte zu einem Teil zusammengeführt und so der Montageprozeß vereinfacht werden.

Aus diesen Modifikationen ergaben sich reduzierte Montagekosten und leicht veränderte Teilefertigungskosten. Die Materialkosten blieben quasi konstant (Tab 22). Unter Berücksichtigung der Produktqualität wurde damit die Wettbewerbsfähigkeit des Schützes erheblich verbessert.

	Bisherige Konstruktion	Ergebnis der Überarbeitung
Montagezeit	216,6 s	193,9 s
Montagekosten	4,81 DM	4,31 DM
Fertigungskosten	3,26 DM	3,32 DM
Materialkosten	3,17 DM	3,16 DM
Herstellkosten	11,24 DM	10,79 DM
Teileanzahl	44	42
Anzahl versch. ET	14	13
Anzahl versch. BG	5	4

Tab. 22: Vergleich von bisheriger und mit ASCET überarbeiteter Konstruktion

Aber auch die anfallenden Prozeßkosten werden bei einer Neukonstruktion reduziert. Bei der überarbeiteten Konstruktion ergeben sich durch die verringerte Teileanzahl und die Verwendung eines Wiederholteils deutlich geringere Prozeßkosten (Bild 55).

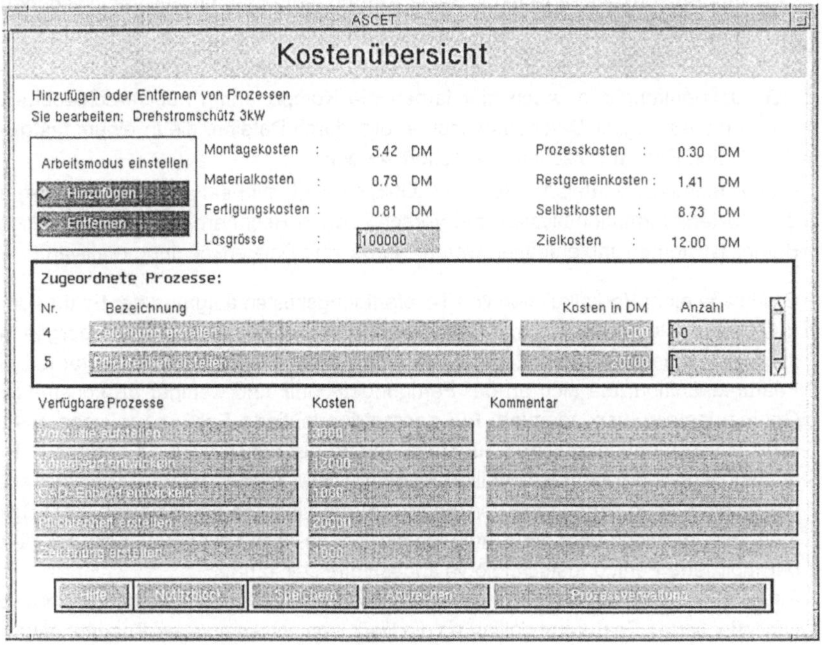

Bild 55: Kostenübersicht mit Prozeßkosten

7.2 Schnittstellen zu CAD

Kosteninformationssysteme sollten in die betriebliche DV-Umgebung integriert werden, z. B. durch eine Schnittstelle zu CAD. Dies wurde in ASCET mit zwei funktional verschiedenen Möglichkeiten realisiert:

- Schnittstelle an ein CAD-System zur Visualisierung von bekannten Teilen, d. h. zur eindeutigen Identifizierung von Wiederholteilen. Dies wurde im Abschnitt 6.2.3 erläutert.
- Schnittstelle von ASCET an ein featurebasiertes CAD-System zur automatischen oder teilautomatischen Kalkulation von Teilefertigungs- oder Montagekosten. Diese Funktionalität wurde für die Ausarbeitungsphase durch eine bidirektionale Schnittstelle implementiert.

Für diese Schnittstelle zwischen featurebasiertem CAD-System und dem Kosteninformationssystem sind prinzipiell drei Schnittstellenarten möglich /Wol94/:

- Integration: Beide Komponenten laufen auf einem Rechner in einem Prozeß. Der Datenaustausch erfolgt im Programm selbst. Dazu müssen beide Komponenten gewisse Anforderungen erfüllen, d. h. sich zu einem lauffähigen Gesamtprogramm zusammenbinden lassen.
- Interprozeßkommunikation: Beide Komponenten laufen auf verschiedenen Prozessen, aber auf einem Rechner, der multitasking-fähig sein muß. Die Daten werden mit Mechanismen des Betriebssystems ausgetauscht.
- Dateienkopplung: Auch hier laufen die Komponenten auf verschiedenen Prozessen. Der Datenaustausch erfolgt durch Dateien, die in einem festgelegten Format zwischengespeichert werden.

Da das featurebasierte CAD-System (KONSYS 2000 mit FeatureM von Strässle) und das Kosteninformationssystem auf verschiedenen Rechnern mit unterschiedlichen Betriebssystemen implementiert waren, wurde eine Dateienkopplung realisiert.

Grundlage einer Vorkalkulation von Teilefertigungskosten aufgrund der Featuredaten des CAD-Systems war die Implementierung von Funktionen zur Featureergänzung mit technologischen Informationen. Die Auswertung der Featuredaten erfordert eine Featuredefinition, die sich an der Fertigungstechnik und weniger an konstruktiven Geometrieelementen orientiert. Für geometrieorientierte Features müssen zusätzliche Transformationsroutinen zur Übersetzung der konstruktiven Features in fertigungstechnische Features installiert werden. Diese Transformation ist einfacher als die automatische Erkennung von Featuren aus nicht-featurebasierten CAD-Systemen, aber dennoch sehr aufwendig, da sie auf die Auswertungsroutinen und die dabei implizierte Fertigungstechnologie abgestimmt sein muß.
Eine fertigungsorientierte Featuremodellierung erlaubt im Gegensatz zur konstruktionsorientierten Featuremodellierung die Definition von komplexen Feature, die mehrere Geometrie-Elemente und die damit verbundenen Fertigungsschritte implizieren. So wurden mit der verwendeten fertigungsorientierten Featuremodellierung im CAD-

System Komplexfeature für Schraubverbindungen implementiert, die direkt ausgewertet werden können. Zur Definition der Schraubverbindungen wurden Benutzerdialoge entwickelt, die eine parametrische Dimensionierung und Plazierung der Komplexfeatures gestatten. Diese Vorgehensweise unterstützt nicht nur die Auswertung, sondern erhöht auch die Arbeitsgeschwindigkeit des Konstrukteurs beträchtlich.

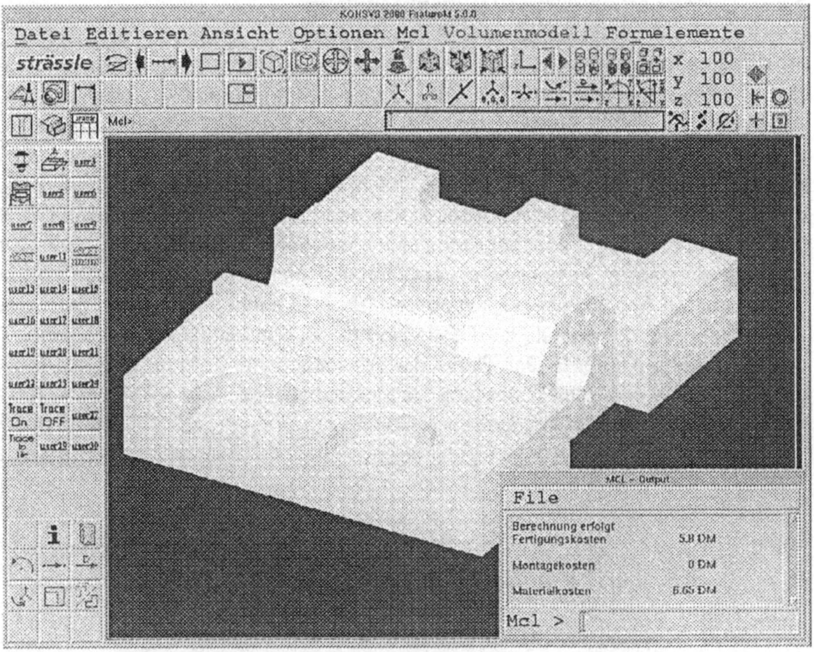

Bild 56: Ergebnisdarstellung der Teilefertigungskalkulation in CAD

Im Anwendungsprozeß erfolgt daher nach der Produktmodellierung in ASCET die Einzelteildetaillierung im featurebaiserten CAD-System. Zur Kalkulation wird die Datei des zu kalkulierenden Einzelteils aufbereitet und in das gemeinsame Schnittstellenformat übersetzt. Diese Daten werden an den Rechner des Kosteninformationssystems gesendet, der in kurzen Intervallen die Existenz der Datei prüft. Sobald die Datei detektiert wird, beginnt die Auswertung. Zunächst wird aus den Teiledimensionen der Rohling bestimmt und dessen Kosten kalkuliert. Bei Gußteilen werden anhand der Daten mit Hilfe einer Kurzkalkulation direkt die Rohlingskosten errechnet. Die Kalkulation der weiteren Bearbeitungsschritte erfolgt unter Verwendung der Featureinformationen. Dazu ist zu jedem in der Schnittstelle definierten Feature eine Kurzkalkulationsformel vorhanden, deren Eingangsdaten aus den Featureinformationen extrahiert werden. Aus den Einzelergebnissen werden die Fertigungs- und Materialkosten berechnet, zurück an den Rechner des CAD-Systems gesendet, und in einem separaten Fenster dem Anwender angezeigt (Bild 56).

Das in Bild 56 gezeigte Beispielteil ist ein Flansch aus Aluminiumdruckguß, der durch Fräsbearbeitung und mehrere Durchgangsbohrungen bearbeitet wird. Die Durchgangsbohrungen wurden als Komplex-Feature modelliert und mit entsprechender Kennung an das Kosteninformationssystem übergeben.

7.3 Integration durch Datenbankkopplung

Im Produktentwicklungsprozeß werden in den beteiligten Organisationseinheiten Datenbestände generiert, die Teil eines übergreifenden, virtuellen Gegenstandsmodells sind. Die in den Entwicklungsbereichen entstehenden Partialgegenstandsmodelle sind jedoch nicht überschneidungsfrei, so daß Widersprüche und Redundanzen auftreten. Dies kann vermieden werden, indem die DV-Systeme so integriert werden, daß die am Entwicklungsprozeß Beteiligten den gleichen Informationsstand haben und Zugang zu allen relevanten Produktinformationen erhalten. Dazu werden EDM-Systeme eingesetzt. Sie speichern, verwalten und stellen alle Produktdaten während des gesamten Produktlebenszyklus bereit (Produktmanagement). Darüber hinaus unterstützen sie die Abläufe zur Festlegung dieser Produktdaten (Prozeßmanagement) /BMM92, Kra93, Eig94/. Durch die Verwaltung von Zeichnungen, Klassifizierungen, Konstruktionsstücklisten und Sachmerkmalleiste, sind EDMS auch für die kostengünstige Konstruktion relevant.

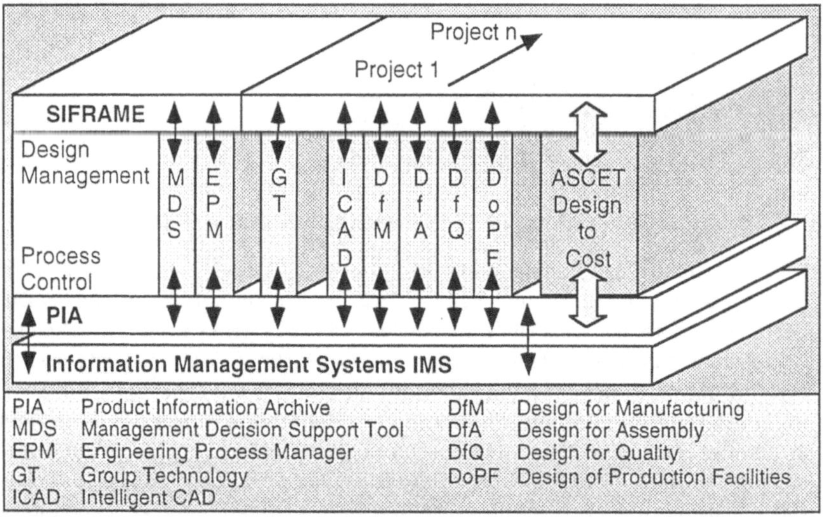

Bild 57: Integrationsmodell im Projekt CONSENS

Die Integration von ASCET in eine bestehende DV-Umgebung kann auch durch einen Datenbankabgleich mit Hilfe von EDMS-Funktionen erfolgen. Diese Integration ist eine unter Realisierungsaspekten erprobte und bewährte Lösung /BuW96, Ste94/.

Sie wurde im EU-Projekt CONSENS (ESPRIT 6896) angewendet, um verschiedenste Software-Programme in einer CSE-Umgebung zu integrieren. Dazu wurde ein umfassendes DV-Konzept für die technischen DV-Systeme eines Entwicklungs- und Konstruktionsbereichs entwickelt (Bild 57).

Die wesentlichen Elemente dieses CONSENS-Frameworks sind die folgenden Komponenten:

- SIFRAME kontrolliert als Prozeßmanagementsystem die Reihenfolge, die Ausführung und das Datenmanagement von Aktivitäten im Produktlebenszyklus, insbesondere der Konstruktion.
- PIA, die zentrale Datenbank, steuert die Versions- und Variantenverwaltung.
- IMS verwaltet und stellt die Daten von Produktinformationen bereit.

Vom Prozeßmanagementsystem SIFRAME wird nach Definition des Pflichtenhefts ASCET gestartet und der Datenbankabgleich der ASCET-Datenbank und des CONSENS Product Information Archive vorgenommen. Nach Abschluß der Arbeiten mit ASCET wird ein erneuter Datenbankabgleich durchgeführt und ASCET beendet. Gemäß dieser Konzeption wurde ASCET in verschiedenen Firmen für unterschiedliche Anwendungsgebiete installiert /BuW96/:

- Die DASA GmbH, Ottobrunn, setzt ASCET im Bereich der Entwicklung und Konstruktion eines Flügels des X31 Flugzeugs ein.
- Die portugiesische Firma HIDROSOREFAME ist in der Entwicklung, Konstruktion und Errichtung von hydromechanischen Maschinen und Anlagen tätig und setzt dabei ASCET ein.
- Bei der AEG Schienenfahrzeuge GmbH, Hennigsdorf, wurde ASCET zur Kalkulation von Drehgestellrahmen und Führerständen von Lokomotiven verwendet und insbesondere für detaillierte Analysen im Bereich Schweißbaugruppen erweitert.

ASCET trägt unter Gesichtspunkten der kostengünstigen Konstruktion wesentlich zu jedem der drei CSE-Prinzipien Parallelisierung, Standardisierung und Integration bei. Parallelisierung wird durch die frühe Berücksichtigung von Kosten im Konstruktionsprozeß gefördert. Durch die Unterstützung der Wiederholteilverwendung wird die Standardisierung vorangetrieben. Die Integration von Funktionen, Prozessen und Daten wird durch die grundlegende Konzeption des Datenbankabgleichs und der Prozeßsteuerung durch SIFRAME im CONSENS-Framework erreicht.

7.4 Abschätzung des wirtschaftlichen Nutzens

Der wirtschaftliche Vorteil des Einsatzes von ASCET wird durch eine Vielzahl von Einflußfaktoren bestimmt. Nutzeneffekte ergeben sich direkt in den anwendenden Bereichen, aber auch indirekt in weiteren Bereichen eines Unternehmens. Diese Nutzeneffekte sind teilweise monetär quantifizierbar, teilweise schwer monetär quantifizierbar und teilweise nicht-monetär quantifizierbar (Tab. 23).

Nutzeneffekte	in Entwicklung u. Konstruktion	in anderen Bereichen
monetär quantifizierbar	kostengünstigere Produkte	Wiederholteilverwendung -> Prozessvermeidung
schwer monetär quantifizierbar	reduzierter Konstruktions- und Entwicklungsaufwand durch Wiederholteilverwendung	Wiederholteilverwendung -> geringere Lagerkosten -> bessere Einkaufskonditionen -> reduzierter AV-Aufwand
nicht monetär quantifizierbar	weniger grundlegende Überarbeitungen geringere Durchlaufzeiten in der Konstruktion höheres Kostenbewußtsein, Kostenkultur Effekte der Teamarbeit	Qualitätsverbesserung der Produkte -> einfachere Wartung -> geringere Reklamationen -> höhere Zuverlässigkeit Verbesserte Marktposition -> höherer Umsatz -> größere Stückzahlen

Tab. 23: Nutzeneffekte beim Einsatz von Kosteninformationssystemen

Da die Nutzeneffekte nicht genau quantifizierbar sind, wird hier zur Wirtschaftlichkeitsbewertung nur eine überschlägige statische Gegenüberstellung von Kosten und Einsparungen durchgeführt.
Die quantifizierten Effekte des ASCET-Einsatzes basieren auf den Erfahrungen bei den einsetzenden Firmen. Es wurden vorsichtige Werte aus der Spannbreite der Erfahrungen verwendet. Die Berechnung erfolgt für einen mittelständischen Betrieb mit DM 100 Mio Umsatz pro Jahr und 500 Mitarbeitern. Davon sind 60 Mitarbeiter in Entwicklung, Konstruktion und Versuch tätig, von denen 12 direkte Anwender von ASCET sind. Für diese Mitarbeiter muß mit einem Tagessatz von DM 1000 gerechnet werden. Es wird vereinfachend von 200 Arbeitstagen im Jahr ausgegangen.

Einige Kostenblöcke für die Wirtschaftlichkeitsabschätzung fallen in der Einführungsphase einmalig an. Darunter sind

Kosten für Soft- und ggf. Hardware	200 000 DM
Kosten der Integration (Software-Erstellung und -Implementierung)	100 000 DM
Schulungen für die Anwender (12 Mitarbeiter à 5 TDM)	60 000 DM
Datensammlung und -aufbereitung	100 000 DM
Summe einmaliger Kosten	460 000 DM

Laufende Kosten für die Nutzung des Systems sind:

Datenpflege (Kostenstammdaten, Sachmerkmalleiste), Aufwand für das gesamte Konstruktionsteam von 0,25 Mitarbeitertagen pro Arbeitstag an 200 Arbeitstagen pro Jahr	50 000 DM
Anwendungsaufmehrwand des gesamten Konstruktionsteams von 0,5 Mitarbeiter an 200 Arbeitstagen	100 000 DM
Summe laufender Kosten	150 000 DM

Die monetär quantifizierbaren Einsparungen sind im direkten und indirekten Bereich zu suchen. Für die Wirtschaftlichkeitsberechnung wird davon ausgegangen, daß je-

des Jahr 10% der Produkte (umsatzbezogen) neu konstruiert werden. Durch die Anwendung von ASCET sind diese Produkte - sehr vorsichtig geschätzt - 2% günstiger in den Herstellkosten. Die dadurch erzielbaren Einsparungen kumulieren sich im Laufe der Zeit, sie betragen bei einem Herstellkostenanteil von 50% am Umsatz im 1. Jahr 100 TDM, im 2. Jahr 200 TDM, usw.
Ein weiterer wichtiger Effekt ist auf die gesteigerte Verwendung von Wiederholteilen zurückzuführen. Auch hier wird mit einer sofortigen Einsparung von 1000 DM pro vermiedenem Neuteil vorsichtig gerechnet. Dies führt bei einem vermiedenen Neuteil pro Arbeitstag zu jährlichen Einsparungen von 200 000 DM.
Selbst bei diesen sehr vorsichtigen Nutzenschätzungen wird bereits im dritten Jahr die Anwendung von ASCET wirtschaftlich erfolgreich (Bild 58). Bei einer Herstellkostenreduktion durch den Einsatz von ASCET von 5% ist die Wirtschaftlichkeit schon in weniger als zwei Jahren erreicht.

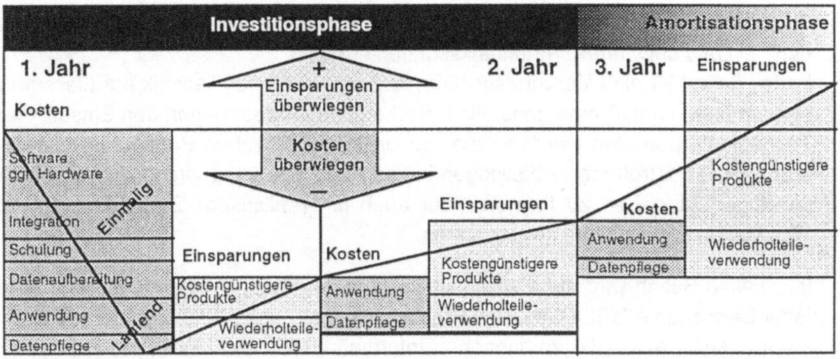

Bild 58: Wirtschaftlichkeitsabschätzung

Zusätzlich zu den monetären Effekten treten weitere nicht oder nur schwer quantifizierbare Nutzeneffekte auf, die insgesamt in ihrer Bedeutung für das Unternehmen ebenso wesentlich sein können, wie die monetären Effekte. Dazu zählt eine üblicherweise mit kostengerechter Konstruktion einhergehende Qualitätsverbesserung, die bei vereinfachten und durchdachten Produktstrukturen zu erwarten ist. Dies führt bei höherer Zuverlässigkeit auch zu einfacherer Wartung und geringeren Reklamationen. Die Effekte dieser Produktverbesserungen bei günstigen Preisen auf Marktposition, Umsatz und abgesetzte Stückzahlen können ebenfalls erheblich sein, sind jedoch sehr schwer zu prognostizieren. Der erhöhte Aufwand in den frühen Konstruktionsphasen zahlt sich auch im Hinblick auf Durchlaufzeiten aus. Zum einen werden nachfolgende Konstruktions- und Realisierungsphasen vorbereitet und dadurch beschleunigt, zum anderen wird die Zahl der gravierenden Fehler mit umfassendem Modifikationsbedarf drastisch reduziert. Wird zudem noch die Einführung eines Kosteninformationssystems nicht als isolierte Aktion, sondern als Teil eines umfassenden Aus- und Weiterbildungsprogramms zur kostengerechten Konstruktion verstanden, so kann eine neue Kostenkultur der Konstruktion etabliert werden. Auch im Hinblick auf eine abteilungsübergreifende Teamarbeit zur Realisierung von anspruchsvollen Kostenzielen kann ASCET motivieren, da sowohl die Einführung als auch die Pflege und Anwendung im gemischten Team am vorteilhaftesten sind. Ebenso darf der in der Anwendung im Team stattfindende Know-how-Transfer, der teilweise auch im System dokumentiert wird, in seiner Bedeutung nicht unterschätzt werden.

7.5 Vorgehensweise der betrieblichen Einführung

Die Auswahl von Kosteninformationssystemen für die Anwendung im industriellen Umfeld ist aufgrund der sehr eingeschränkten Verfügbarkeit von kommerziellen Lösungen zur Zeit kein Praxisproblem, da sich die wenigen Systeme funktional deutlich unterscheiden.

Prinzipiell kann die Auswahl und Einführung von Kosteninformationssystemen nach den bei CAD bewährten Verfahrensschritten erfolgen.
Erster Schritt ist eine Voruntersuchung, die den Stand der Technik auf diesem Gebiet ermittelt, so daß eine generelle Entscheidung für oder gegen den Einsatz dieser Technologie getroffen werden kann. Schon in dieser frühen Phase sind alle direkt oder indirekt betroffenen Abteilungen in das Projekt zu integrieren, um frühzeitig die jeweiligen Aufgaben zu fixieren, aber auch um realistische Einschätzungen der Fähigkeiten der Software zu diskutieren.

Im zweiten Schritt wird der aktuelle Ist-Zustand der Konstruktion und anderer betroffener Bereichen erfaßt. Dabei sind Produkte, Aufbau- und Ablauforganisation ebenso zu untersuchen wie die vorhandenen Informationsflüsse, eingesetzte DV-Systeme und verwendete Kostenrechnung. In Verbindung mit einer Extrapolation vorhandener Trends der hergestellten Produktpalette und der Produktionstechnologie kann daraus das Anforderungsprofil für ein Kosteninformationssystem, z. B. nach notwendigen Fertigungs- und Montageverfahren, abgeleitet werden. Eine genaue Auswahl erfolgt anhand dieses Anforderungsprofils unter Berücksichtigung technologischer, organisatorischer, qualifikatorischer und wirtschaftlicher Aspekte. Zur Wirtschaftlichkeitsbetrachtung sind die Investitionen in Hard- und Software, die Einführungsaufwände sowie die Qualifikationsmaßnahmen als wichtigste Kostenblöcke intensiv zu betrachten. Diesen werden die erwarteten Einsparungen gegenübergestellt, wobei hier erste Erfahrungen aus Benchmarktests einfließen sollten, da die Einsparpotentiale stark vom betrieblichen Know-how zur kostengerechten Konstruktion abhängen.

Auf der Basis der technischen Bewertung und der Wirtschaftlichkeitsuntersuchungen kann die Entscheidung zur Einführung eines Systems gefällt werden. Dabei sollten die weiteren Schritte und die Implikationen auf das Soll-Konzept schon grob berücksichtigt werden können. Die detaillierte Definition von Ablauforganisation, DV-Technik und der weiteren Projektvorgehensweise basiert jedoch auf der Auswahl und kann sich daher nur daran anschließen.

Bei der Vorbereitung der Einführung ist auf eine modifizierte Ablauforganisation und die notwendigen Qualifikationsmaßnahmen für alle Betroffenen - nicht nur die Konstrukteure, sondern auch für die AV, die Produktion, die Montage und evtl. den Einkauf u. ä., sowie deren Führungspersonal - besonderer Wert zu legen. Dabei sind generelle Themen wie Kostenrechungsverfahren, Wertanalyse und -gestaltung, Relevanz von kostengerechter Produktentwicklung oder Kooperationsmethoden in der Entwicklung ebenso zu bedenken wie die spezifischen Software-Schulungen zur Anwendung von ASCET. Aber auch die Vorbereitungen zur firmenspezifischen Konfiguration von ASCET sind frühzeitig zu planen und einzuleiten. Dazu gehört die Ermittlung von Prozeßkosten, die Sammlung der Stammdaten, die klassenspezifische Berechnung der Regressionsformeln für die Einzelteile sowie die Ergänzung der Montagevorgänge auf die betrieblichen Belange. Je nach Integrationskonzept sind Stammdaten aus PPS oder Normteilbibliotheken aufzubereiten und zu integieren.

Mit der Implementierung des Systems und des Integrations-Konzepts, dem Festlegen der Systembenutzer und den vorbereitenden Schulungen wird die Einführung eingeleitet. Um den Erfolg der Einführung zu sichern, empfiehlt sich eine Pilotphase in der eine reale, aber eingeschränkte Nutzung des Systems die Optimierungspotentiale der Praxis offenbart. Nach den ggf. durchzuführenden Modifikationen am Gesamtsystem kann die breite Anwendung beginnen, die neuen Abläufe werden fixiert.

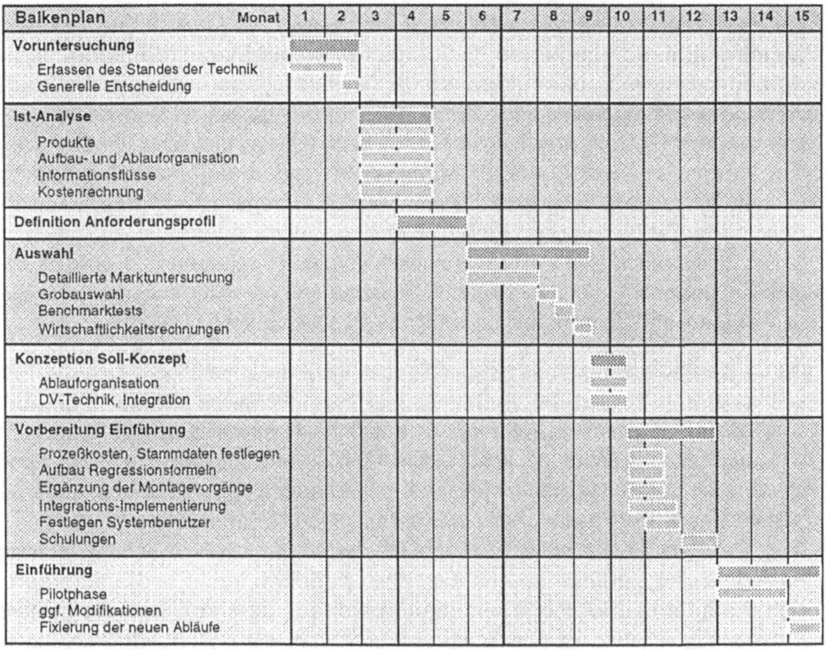

Bild 59: Balkenplan des Stufenkonzepts zur Systemauswahl und -einführung

Je nach Vorgehensweise und Erfahrungen des Projektleiters und den wesentlichen Projektteilnehmern, den Anforderungen der Integration und anderen projektdefinierenden Größen ist eine Zeitdauer für das Gesamtprojekt - von der Voruntersuchung bis zum Abschluß der Einführung - von ein bis zwei Jahre zu kalkulieren. Ein realistischer Balkenplan einer Systemauswahl- und Einführung ist in Bild 59 dargestellt.

7.6 Anwendungserfahrungen und Ausblick

Der Einsatz von ASCET in verschiedenen Firmen und Projekten erlaubt es, einige Anwendungserfahrungen zusammenzufassen, aus denen sich sowohl erfolgreiche Aspekte als auch weitere Verbesserungspotentiale aufzeigen lassen.

Grundlage für den erfolgreichen ASCET-Einsatz ist eine entsprechende Unternehmenskultur in Entwicklung und Konstruktion, die die Verantwortung für die Produktkosten akzeptiert. Ohne dieses Grundverständnis wird sich eine Konstruktionsabteilung kaum ernsthaft dem Thema widmen und entsprechende Projekte starten. Aber auch in den weiteren Abteilungen sollte die hohe Kostenverantwortung der Konstruktion anerkannt werden, um durch Kooperation - in täglicher Durchführung und Datenbereitstellung - die notwendige Unterstützung zu erhalten. Durch ständigen Kostendruck ist diese Motivation bei den Beteiligten oft sehr hoch.

Für die Akzeptanz eines Kosteninformationssystems beim Anwender ist die Qualität der Integration in die bestehende DV-Landschaft eventuell von großer Bedeutung, da die Anwendungseffizienz erheblich von der Datenverfügbarkeit abhängt. Die Wiederverwendbarkeit von Stammdaten zur Modellierung von zu kalkulierenden Objekten ist entscheidend für die Anwendungsaufwände beim Einstieg und damit für die Relation von Aufwand zu Nutzen. ASCET kann hier in vielen Hard- und Software-Umgebungen als zentrale Datenbank dienen. Diese Funktionalität wird jedoch kaum im Rahmen der Einführung eines Kosteninformationssytems entschieden und gleichartig gelöst. Sollte schon eine weitere Datenbank vorhanden sein, ist eine Kopplung zwar möglich, entspricht aber im Anwendungskomfort und dem Prinzip einer nicht-redundanten Datenhaltung nicht den Erwartungen an eine moderne Lösung.

Durch die Anwendung eines Kosteninformationssystems verändern sich die Tätigkeiten der Konstruktion. Der Aufwand zur Wiederholteilsuche steigt, und der Anteil von Teamarbeit nimmt zu. Die durch die Wiederholteilverwendung eingesparten Entwicklungszeiten erlauben es, konstruktive Alternativen zu untersuchen. Dies fördert die Qualität der Konstruktion, stellt aber auch neue höhere Anforderungen an die Konstrukteure. Die Phasen Planung, Konzeption und Entwurf steigen in der Bedeutung. Der Detaillierungsaufwand wird durch die Wiederholteilverwendung reduziert. Auch die Schnittstellen zu anderen Bereichen im Betrieb wie AV und Einkauf ändern sich durch die deutlich modifizierten Arbeitsweisen. Diese abteilungsübergreifende Prozeßneugestaltung ist notwendig und geht über die isolierte Optimierung der Konstruktion hinaus, ist jedoch deshalb auch schwierig einzuführen.

Die von ASCET bereitgestellte Funktionalität ist weitaus ganzheitlicher und umfangreicher als die bisher bekannter Systeme. Durch Anwendungen wie Büro-Software, PPS und CAD geprägt, fordern jedoch Anwender von Kosteninformationssystemen eine noch sehr viel weiterreichendere Funktionalität.

Bei keiner der Anwenderfirmen wurde ein featurebasiertes CAD-System angetroffen, so daß diese Schnittstelle nicht implementiert werden konnte. Dagegen wurden betriebsspezfische Teillösungen zur Vorkalkulation angetroffen (Tabellenkalkulationsanwendungen), die die Vielzahl der Betriebsspezifika in Daten und Methoden integriert hatten. Dies erschwert die Einführung von Kosteninformationssystemen, da die Nutzeneffekte teilweise schon vorhanden sind, der Einführungsaufwand jedoch nur geringfügig reduziert wird. Hierbei ist die Integration zu CAD, CAP, EDMS und PPS hervorzuheben, die jeweils wesentliche Beiträge zum Anwendungskomfort leistet.

Aus diesen Anwendungserfahrungen und den nicht vollständig erfüllten Anforderungen ergeben sich für die weitere Entwicklung folgende Punkte:

- ❑ Ausbau der analytischen, featurebasierten Vorgehensweise durch Erweiterung der auswertbaren Features zur Einzelteil- und Montagekostenkalkulation. Durch Ergänzung der interpretierbaren Featurekombinationen kann die featurebasierte Montagekostenkalkulation detailliert und der Anwendungsbereich erweitert werden. Ein Einsatz eines wissensbasierten Systems zur Interpretation der Featurekombinationen kann die Auswertung automatisieren.
- ❑ Kopplung zu Nachkalkulationssystemen, um die Wiederholteilkosten zu aktualisieren und eine mitlaufende Anpassung der Regressionsgleichungen der Teilekalkulation zu unterstützen.
- ❑ Vollständige Integration in eine CIM-Umgebung mit CAD, CAP, PPS und EDM-Systemen. Damit kann z. B. eine direkte Weiterverarbeitung der Montageprotokolle als Grundlage der Montageplanung in der AV erfolgen.
- ❑ Erweiterung der Prozeßkostenrechnung im Anwendungsbereich, so daß sie auch Prozesse außerhalb der Konstruktion berücksichtigt und damit wesentliche weitere Teile der Produktkosten verursachungsgerecht verrechnet.

Mit diesen teilweise sehr anspruchsvollen Weiterentwicklungen kann ASCET zu einem zentralen Baustein einer industriellen Konstruktionsumgebung erweitert werden.

8 Zusammenfassung

Die Konstruktion verantwortet einen Großteil der Produktkosten, so daß unter Wettbewerbgesichtspunkten die frühzeitige Berücksichtigung von Kostenaspekten im Konstruktionsprozeß zunehmend wichtiger wird.

Eine Analyse bekannter Konstruktionsmethoden zeigt jedoch, daß deren Anwendung keine praktikablen, ausreichenden Lösungen für die kostengerechte Konstruktion bieten. Die Konstruktionsmethoden liefern nur generelle Handlungsanweisungen, deren Anwendung im Detail durch ergänzende Methoden und Verfahren unterstützt werden muß. Eine Bewertung entsprechender Vorgehensweisen und softwarebasierter Verfahren, den Kosteninformationssystemen, ergab ebenfalls mehrere wesentliche Schwachstellen:

- Die gegenseitigen Abhängigkeiten von Montage und Teilefertigung werden nicht abgebildet oder Montage und Teilefertigung werden derart pauschal betrachtet, daß konstruktive Verbesserungen nicht abgeleitet werden können.
- Viele Verfahren lassen sich nur in einer Konstruktionsphase anwenden und können daher nicht ganzheitlich in den Konstruktionsprozeß integriert werden.
- Nur wenig transparente Methoden der Kostenrechnung verschleiern Zusammenhänge, die in der Konstruktion kreativ genutzt werden könnten.
- Kosteninformationssysteme lassen sich kaum in betriebliche DV-Umgebungen integrieren. Dies führt zu geringem Anwenderkomfort oder erheblichen Datenredundanzen.

Auf der Grundlage dieser Schwachstellenanalyse wurden die wesentlichen Anforderungen an ein praxisgerechtes Verfahren zur konstruktionsbegleitenden Vorkalkulation ermittelt. Mit diesem Anforderungskatalog wurden die Basismethoden zur integrierten, prozeßbegleitenden Kalkulation von Montage-, Teilefertigungs- und Materialkosten ausgewählt und so aufeinander abgestimmt, daß in jeder Konstruktionsphase eine jeweils anforderungsgerechte Kalkulationsmethode zur Verfügung steht. Die Kalkulationsmethode paßt sich dabei den Betrachtungsschwerpunkten des Konstruktionsprozesses an, die von der Produktstruktur zu den Montage- bzw. Teilefertigungsvorgängen wechseln. Dabei steigt der Umfang und Detaillierungsgrad der verfügbaren Informationen an, so daß auch unter diesen Aspekten eine Anpassung der verwendeten Kalkulationsmethoden sinnvoll ist:

- Erste Kostenschätzungen verwenden Kostenstrukturen ähnlicher Objekte sowie Daten von Wiederhol- und Zukaufteilen.
- Zur Kalkulation der Montagekosten wird eine Erweiterung von MTM-UAS, einem System vorbestimmter Zeiten, verwendet. Die Analyse der Montagevorgänge kann vorgangsbasiert oder nach der Ausarbeitung in einem featurebasierten CAD-System auch featurebasiert erfolgen.
- Die Kalkulation der Teilefertigungskosten erfolgt mit einer Regressionsrechnung, bzw. nach der Ausarbeitung durch eine Auswertung der Teilefeatures.

- Die Materialkosten werden anhand von Teilevolumina und Werkstoffkostensätzen kalkuliert, wobei sowohl die Geometriedaten als auch die Werkstoffspezifikation im Verlauf der Konstruktion detaillierter werden.

Als Ergebnis der Arbeit liegt nun ein Verfahren vor, mit dem prozeßbegleitend in allen Konstruktionsphasen eine Vorkalkulation für Einzelteile, Baugruppen und Produkte erfolgen kann. Bereits in der Konzeption, in der nur grundlegende Daten vorhanden sind, kann eine erste Vorkalkulation durchgeführt werden. Auf der Basis der Produktstrukturierung der Konzeptionsphase kann im Entwurf eine Kalkulation der Montage- sowie der Teilekosten erfolgen. Nach der Ausarbeitung in einem featurebasierten CAD-System kann die Teilekostenkalkulation anhand der Features fertigungsanalytisch durchgeführt werden. Dabei wird die Konstruktion schrittweise vervollständigt und die Kalkulation auf den jeweiligen Betrachtungsschwerpunkt fokussiert. So wird ein integriertes Kostenmodell für Montage, Teilefertigung und Material mit jeweils für die Konstruktion angemessenen Kalkulationsmethoden aufgebaut.

Die integrative Betrachtung von Montage und Teilefertigung ermöglicht eine fundierte Analyse von Produktstrukturvarianten mit den Abhängigkeiten von Montage- und Teilefertigungskosten. Die einfache und schnelle Modellierung regt zur detaillierten Analyse verschiedener Varianten an und ermöglicht dadurch fundierte Entscheidungen zu einem Zeitpunkt, zu dem mit noch geringem Aufwand weitreichende Verbesserungen des Produktentwurfs zu erzielen sind. Dazu stellt das Bewertungsverfahren dem Anwender einen problemangepaßten und selbstdefinierbaren Informationsumfang zur Verfügung, der schnell Kostenstrukturen und -schwerpunkte aufzeigt. Die verwendeten Kostenrechnungsverfahren entsprechen denen der industriellen Praxis, wurden jedoch zusätzlich mit konstruktionsinduzierten Prozeßkosten zur verursachungsgerechten Verrechnung der Gemeinkosten ergänzt.

Auf der Grundlage dieses Verfahrens wurde das Kosteninformationssystem ASCET zur integrierten, prozeßbegleitenden Vorkalkulation für die kostengerechte Konstruktion realisiert. Die Modellierung und Realisierung von ASCET wurde nach objektorientierten Prinzipien vorgenommen. Um dem Anforderungsprofil für ein anwendungsfreundliches Kosteninformationssystem zu entsprechen, wurden die Basismethoden des Verfahrens u. a. ergänzt durch die Realisierung

- einer Produkt-, Baugruppen- und Einzelteilklassifizierung,
- einer Wiederholteilsuche und
- eines Regelwerks zur montage- und fertigungsgerechten Konstruktion.

Durch die Realisierung auf Basis eines objektorientierten Systems konnte zudem die betriebsspezifische Anpaß- und Erweiterbarkeit von ASCET sichergestellt werden.

Zur Integration in bestehende DV-Strukturen wurden verschiedene Möglichkeiten realisiert, wie z. B. eine Kopplung von ASCET mit einer betrieblichen Datenbank oder mit einem featurebasierten CAD-System. Dadurch wird der Einsatz von ASCET während des gesamten Konstruktionsprozesses - von der Konzeption bis hin zur Ausarbeitung - möglich.

9 Literaturverzeichnis

/ABD96/	Ahrens, G.; Beitz, Wolfgang; u. a.:	Eine Methode zur Einführung von Simultaneous Engineering in der Konstruktion. In: VDI-Berichte 1289, 1996, S. 53-67.
/Abe90/	Abeln, Olaf:	Die CA...-Techniken in der industriellen Praxis: Handbuch der computergestützen Ingenieur-Methoden. München, Wien: Hanser, 1990
/ABS91/	Allen, A. J.; Bielby, M. S.; Swift, Ken G.:	Development of a Product Manufacturing Analysis and Costing System. In: International Journal of Advanced Manufacturing Technology 6 (1991), S. 205-215.
/AML85/	Andreasen, Mogens Myrup; Kähler, Steen; Lund, Thomas:	Montagegerechtes Konstruieren. Berlin u. a.: Springer-Verlag, 1985.
/ArK93/	Arenskötter, Markus; Komorek, Christian:	Effiziente Produktentwicklung in der Metallverarbeitung - Status 1992/93. Mülheim a. d. R., agiplan Unternehmenskybernetik, April 1993.
/Atk89/	Atkinson, Malcom et al.:	The Object-Oriented Databse System Manifesto In: Proceedings on deductive and object-oriented Databases, 1st International Conference, 21 August 1989 / Hrsg. v. Kim, W. et al. Kyoto: Elsevier, 1989.
/Aut94/	Autorenkollektiv:	Einsatzmöglichkeiten von flexibel automatisierten Montagesystemen in der industriellen Produktion: Montagestudie. Arbeitsgemeinschaft Handhabungssysteme (ARGE-HHS) unter Beteiligung der Fraunhofer-Inst.: IPA, Stuttgart . . . Düsseldorf: VDI-Verlag, 1994
/Bak91/	Bakker, Jakobus de:	Design for Manufacture and Assembly (DFMA). In: VDI-Berichte 918, 1991, S. 299-315.
/BäS87/	Bäßler, Rudolf; Schmaus, Thomas:	Weniger Teile - Montagegereches Planen der Produktion erschließt Rationalisierungsreserven. In: Maschinenmarkt 93 (19987) Nr. 10, S. 54-59.
/Bäß88/	Bäßler, Rudolf:	Integration der montagegerechten Produktgestaltung in den Konstruktionsprozeß. Berlin u. a.: Springer-Verlag, 1988 Zugl. Stuttgart, Universität, Diss., 1987.
/Bau82/	Baumann, Georg:	Ein Kosteninformationssystem für die Gestaltungsphase im Betriebsmittelbau. München: Technische Universität, Diss., 1982
/BBS90/	Bock, Martina; Bock, Richard; Scheer, August-Wilh.:	Konstruktionsbegleitende Kalkulation mit Expertensystemunterstützung. In: Zeitschrift für wirtschaftliche Fertigung 85 (1990) Nr. 11, S. 576-579.

/BDK94/	Boothroyd, Geoffrey; Dewhurst, Peter; Knight, Winston:	Product Design for Manufacture and Assembly. New York: Marcel Dekker Inc., 1994.
/BHB96/	Bürgel, Hans Dietmar; Haller, Christine; Binder, Markus:	F&E-Management. München: Vahlen, 1996.
/BKB95/	Büttner, K.; Kohlhase, N.; Birkhofer, Hans:	Rechnerunterstütztes Konstruieren komplexer Produkte mit Neuronalen Netzen. In: Konstruktion 47 (1995) S. 295-301.
/BMM92/	Bullinger, Hans-Jörg; Marcial, Frank; Matthes, Jürgen:	EDMS - Eine strategische Management-Entscheidung. In: Engineering Data Management Systeme: 30. September 1992, Stuttgart.
/Boc95/	Bock, Martina:	Expertensystem-Shell zur Unterstützung der simultanen Produktentwicklung. Wiesbaden: Gabler, 1995. Zugl.: Saarbrücken, Univ., Diss., 1995.
/BoD90/	Boothroyd, Geoffrey; Dewhurst, Peter:	Design for Manufacturing, Cost Estimating & Material Selection for Sheet Metalworking (Release 1.1, März 1990), Injection Molding (Release 1.4, November 1991), Machining (Release 1.2, September 1990), Die Casting (Release 1.1, Juli 1991). Handbücher zur Software. Boothroyd Dewhurst Inc., Wakefield, RI, USA.
/BoD94/	Boothroyd, Geoffrey; Dewhurst, Peter:	Design for Assembly (Release 7.1, Juni 1994). Handbücher zur Software. Boothroyd Dewhurst Inc., Wakefield, RI, USA.
/BoD96/	Boothroyd, Geoffrey; Dewhurst, Peter (Eds.):	Taking on the World with DFMA - Product Development Solutions for Today´s World, The 1996 International Forum on DFMA. Newport, RI USA, 1996.
/Bra89/	Brachtendorf, Thomas:	Konzeption eines Informationssytems für die fertigungsgerechte Konstruktion. Düsselsdorf: VDI-Verlag, 1989. Zugl. Aachen, RWTH, Diss., 1989.
/Bru95/	Brunkhorst, Uwe:	Integrierte Angebots- und Auftragsplanung im Werkzeug und Formenbau. Düsseldorf: VDI-Verlag, 1995. Zugl. Hannover, Universität, Diss., 1995.
/Bul86/	Bullinger, Hans-Jörg:	Systematische Montageplanung. Handbuch für die Praxis. München, Wien: Carl Hanser Verlag, 1986.
/Bul93/	Bullinger, Hans-Jörg:	Leitvortrag. In: Wege aus der Krise - Geschäftsprozeßoptimierung und Informationslogistik: 12. IAO-Arbeitstagung 9.-10- Nov. 1993, Stuttgart / Hrsg. von H.-J. Bullinger. Berlin u. a.: Springer, 1993, S. 9-49.

/BuW96/	Bullinger, Hans-Jörg; Warschat, Joachim (Eds.) :	Concurrent Simultaneous Engineering Systems - The Way to Successful Product Development. London u. a.: Springer-Verlag, 1996.
/CoK88/	Cooper, Robin; Kaplan, Robert S.:	Measure Cost Right: Make the Right Decisions. In: Harvard Buisness Review, Sept./Okt. 1988, S. 96-103.
/Con92/	Constance, Joseph:	DFMA: Learning to Desing for Manufacture and Assembly. In: Mechanical Engineering, May (1992), S. 70-74.
/Coo90/	Cooper, Robin:	Activity-Based-Costing - Wann brauche ich ein Activity-Based-Costing System und welche Kostentreiber sind notwendig? In: Kostenrechnungspraxis (1990) Nr. 5, S. 271-279
/CoS96/	Corsten, Hans; Stuhlmann, Stephan:	Grundlagen eines rechtzeitigen Kostenmanagements. In: Kostenrechnungspraxis (krp), Sonderheft 1/96 Frühzeitiges Kostenmanagement, S. 11-19.
/Dah90/	Dahl, Bodo:	Entwicklung eines Konstruktionssystems zur Unterstützung der montagegerechten Produktgestaltung. Aachen, Rheinisch-Westfälische Technische Hochschule, Diss., 1990.
/DIN32990/	N.N.:	DIN 32990. Begriffe zu Kosteninformationen in der Maschinenbauindustrie: Dezember 1989.
/DIN32992/	N.N.:	DIN 32992. Berechnungsgrundlagen: Teil 1 - Kalkulationsarten und -verfahren: Dezember 1989; Teil 2 - Verfahren der Kurzkalkulation (Entwurf): Dezember 1989; Teil 3 - Ermittlung von Relativkostenzahlen: März 1987.
/DIN4000/	N.N.:	DIN 4000. Sachmerkmalleisten: April 1981.
/DIN66234/	N.N.:	DIN 66234 Teil 8. Bildschirmarbeitsplätze - Grundsätze ergonomischer Dialoggestaltung: Februar 1988.
/DIN69910/	N.N.:	DIN 69910. Wertanalyse: August 1987.
/DIN8593/	N.N.:	DIN 8593 Teil 0. Fertigungsverfahren Fügen - Einordnung, Unterteilung, Begriffe: September 1985.
/Dyl91/	Dylla, Norbert:	Denk- und Handlungsabläufe beim Konstruieren. München: Hanser, 1991. Zugl. München TU, Diss., 1990.
/EhM90/	Ehrlenspiel, Klaus; Müller, Roland:	Datenbankgestützte Konstruktionsdatenverwaltung. In: CIM Management 6 (1990) Nr. 2, S. 10-16.

/Ehr80a/	Ehrlenspiel, Klaus:	Möglichkeiten zum Senken der Produktkosten - Erkenntnisse aus einer Auswertung von Wertanalysen. In: Konstruktion 32 (1980) S. 173-178.
/Ehr80b/	Ehrlenspiel, Klaus:	Gültigkeit, Gültigkeitsgrenzen, Aktualisierung der Erkenntnisse zum kostengünstigen Konstruieren. In: Konstruktion 32 (1980) H. 12, S. 487-492.
/Ehr85a/	Ehrlenspiel, Klaus:	Kostengünstig Konstruieren. Konstruktionsbücher Band 35. Berlin u. a.: Springer-Verlag, 1985.
/Ehr85b/	Ehrlenspiel, Klaus:	Kostengünstig Konstruieren - Ideal und Realität. In: International Conference on Engineering Design, 26.-28.8.1985, Hamburg.
/Ehr87/	Ehrlenspiel, Klaus:	Methoden zur Kostenfrüherkennung. In: VDI-Berichte 651, 1987, S.13-32.
/Ehr90/	Ehrlenspiel, Klaus:	Relativkosten für den Konstrukteur : Nutzen und Risiken. Eschborn: RKW-Verlag, Köln: Verlag TÜV Rheinland, 1990.
/Ehr93/	Ehrlenspiel, Klaus:	Industrieprobleme in Entwicklung und Konstruktion sowie Folgerungen gemäß einer Umfrage. In: Konstruktion 45 (1993) S. 389-396.
/Ehr95/	Ehrlenspiel, Klaus:	Integrierte Produktentwicklung - Methoden Prozessorganisation, Produkterstellung und Konstruktion. München; Wien: Hanser, 1995.
/Eig93/	Eigner, Martin; Heidrich, Raymund; Rüdiger, Werner.	Sachmerkmalleisten - wo liegt der Nutzen? In: Arbeitsvorbereitung 30 (1993) Nr. 1, S. 39-42.
/Eig94/	Eigner, Martin:	EDM - Quo vadis? In: Der Konstrukteur (CAD/CAM-Special) 3 (1994) S. 26-28.
/Eit96/	Eitrich, Oliver:	Prozeßorientiertes Kostemodell für die entwicklungsbegleitende Kalkulation. Karlsruhe, Universität (TH), Diss., 1996.
/EMS93/	Ehrlenspiel, Klaus; Milberg, Joachim; Schuster, Gerd; Wach, Jörg J.:	Rechnerintegrierte Produktkonstruktion und Montageplanung. In: CIM-Management (1993) Nr. 2, S. 23-28.
/End80/	Ende, Günther:	Methode zum Bewerten der Montagegerechtheit im Maschinenbau. Karl-Marx-Stadt, TH, Diss., 1980.
/Ent76/	Entenmann, Walter:	Optimierungsverfahren. Heidelberg: Alfred Hüthig Verlag, 1976.
/EnT94/	Engeli, Max; Taiber, Joachim G.:	Feature-Based Modelling - Resultat eines tiefgreifenden Wandels. In: VDI-Z 136 (1994) Nr. 5, S. 60-65.

/EnU92/	Endres, Albert; Uhl, Jürgen:	Objektorientierte Software-Entwicklung In: Informatik-Spektrum (1992) Nr. 15, S. 255- 263.
/EvF94/	Eversheim, Walter; Fuhlbrügge, Matthias:	Entscheidungsorientierte Bewertung mit Hilfe der Kostensimulation. In: CIM Management 10 (1994) Nr. 6, S. 36-39.
/EvH93/	Eversheim, Walter; Hartmann, Michael:	Verursachungsgerechte Bewertung der Montage. In: VDI-Z 135 (1993) Nr. 5, S. 65-68.
/EvK96/	Eversheim, Walter; Kümper, Ralf:	Prozeß- und ressourcenorientierte Vorkalkulation in den Phasen der Produktentstehung. In: Kostenrechnungspraxis (krp), Sonderheft 1/96 Frühzeitiges Kostenmanagement, S. 45-52.
/Fel92/	Feldmann, Klaus (Bd.-Hrsg.):	Montageplanung in CIM. Berlin u. a.: Springer-Verlag, 1992.
/FeS91/	Ferst, Otto K.; Sinz, Elmar J.:	Ein Vorgehensmodell zur Objektmodellierung betrieblicher Informationssysteme im Semantischen Objektmodell (SOM). In: Wirtschaftsinformatik 33 (1991) Nr. 6, S. 477-491.
/FES94/	Fuchs, Alexander; Erve, van´t A. H.; Schneider, Rolf:	Prozeßplanung auf der Grundlage von Fertigungsfeatures. In: ZwF 89 (1994) Nr. 11, S. 549-551.
/Fis83/	Fischer, Dieter:	Kostenanalyse von Stirnzahnrädern - Erarbeitung und Vergleich von Hilftsmitteln zur Kostenfrüherkennung. München: Technische Universität, Diss., 1983.
/Fis94/	Fischer, Joachim et al.:	Design-to-Cost - Entwicklungsbegleitende Prozeßkostenprognose und Zielkostenermittlung im Produktlebenszyklus. In: CAD ´94: Produktmodellierung und Prozeßdatenmodellierung als Grundlage neuer CAD-Systeme, 17.-18. März 1994, Paderborn, S. 463-476.
/Fis95/	Fischer, Dietmar R.:	Entwicklung eines objektorientierten Informationssystems zur optimierten Werkstoffauswahl. Berlin u. a.: Springer-Verlag, 1995 Zugl. Stuttgart, Universität, Diss., 1994.
/FKH94/	Fischer, Joachim; Koch, Rainer; et al.:	Lebenszyklusorientierte Prozeßkostenplanung in frühen Konstruktionsphasen. In: ZwF 89 (1994) S. 566-568.
/Fer90/	Ferreirinha, Pedro:	Rechnerunterstützte Vorkalkulation im Maschinenbau für den Konstrukteur und den Arbeitsvorbereiter mit dem HKB-Programm. In: VDI-Berichte 651, 1987, S. 343-350.
/Fle90/	Flemming, Manfred:	Konstruktionsbegleitende Kostenrechnung. In: Hubka (ed.): Proceedings of ICED´90. Schriftenreihe EDK 20. Zürich, NewYork: ASME, 1990.

/Fle91/	Flemming, Manfred:	Was bei den Kosten währt, beginnt in der Konstruktion. In: Schweizer Maschinenmarkt Nr.37 (1991), S. 102-107.
/FoE91/	Fogg, B.; Ek, G. Van:	Design for Economic Manufacturing of Small Sheet Metal Parts. In: Journal of Advanced Manufacturing Technology (1991) 6, S. 112-130.
/Gai81/	Gariola, Arun:	Montagegerechtes Konstruieren - Ein Beitrag zur Konstruktionsmethodik. Darmstadt, TH, Diss., 1981.
/GEP94/	Grabowski, Hans; Erb, Jens; Polly, Adam; Anderl, Reiner:	STEP - Grundlage der Produktdatentechnologie. Teil 1: Aufbau und Entwicklungsmethodik. Teil 2: Das integrierte Produktmodell. In: CIM-Management 10 (1994) Nr. 4, S. 45-51 und 10 (1994) Nr. 5, S. 36-43.
/Ger94/	Gerhard, Edmund et al:	Kostenbewußtes Entwickeln und Konstruieren. Renningen-Malmsheim: Expert-Verlag, 1994.
/Gif91/	Gifford, Ralph:	The Myth of the Super Engineer (or why don´t design engineers design for manufacturability?). In: Automation May 1991, S. 37-38.
/GlS94/	Gleich, Ronald; Scholl, Kai:	Kostengünstig Konstruieren - State-of-the-Art der Kalkulationsmethoden. Controlling Forschungsbericht Nr. 42 Betriebswirtschaftliches Institut, Universität Stuttgart, September 1994.
/Gra92/	Gray, Richard:	10 Reasons for not using DFMA. In: International Forum on Desing for Manufacture and Assembly, 15-16 Juni 1992, Newport, Rhode Island, USA. Conference Proceedings, 1992.
/GrJ91/	O'Grady, Peter; Oh, Jhong Sik:	A Review of Approaches to Design for Assembly. In: Concurrent Engineering 1 (1991) Nr. 3, S.5-11.
/Haa94/	Haasis, Siegmar:	Konstruktionsbegleitende Kalkulation im Verbund - Beispiel Gußgetriebegehäuse. In: Konstruktion 46 (1994) S. 66-72.
/Haa95/	Haasis, Siegmar:	Wissens- und featurebasierte Unterstützung der Konstruktion von Strimradgetrieben unter besonderer Berücksichtigung des Gußgehäuses. Düsseldorf: VDI-Verlag, 1995. Zugl. Chemnitz-Zwickau, Univ., Diss., 1995.
/Hac77/	Hackstein, Rolf:	Arbeitswissenschaft im Umriß. Essen: Giradet-Verlag, 1977.
/Hal73/	Haller-Wedel, Ernst:	Die Einflußgrößenrechnung in Theorie und Praxis. München: Carl Hanser Verlag, 1973.

/Har93/	Hartmann, Michael:	Entwicklung eines Kostenmodells für die Montage. Aachen: Shaker, 1993. Zugl. Aachen Techn. Hochschule, Diss., 1993.
/Hel91/	Helms, Winfried:	MTM - Ein Verfahren vorbestimmter Zeiten. In: Personal (1991) Heft MTM-Report91/92 S. 33-39.
/HeO84/	Heinz, Klaus; Olbrich, Ralf:	Planzeitermittlung. München, Wien: Carl Hanser Verlag, 1984.
/HeR91/	Hesse, Stefan; Röhl, Jens:	Neue Wege - Produkte, Baugruppen und Einzelteile montagegerecht konstruieren. In: Maschinenmarkt97 /1991) Nr. 41, S. 50-53.
/Hil91/	Hillebrand, Alexander:	Ein Kosteninformationssystem für Neukonstruktion mit der Möglichkeit zur Anschluß an ein CAD-System. München, Wien: Hanser, 1991. zugl.: München, Technische Univ., Diss., 1990.
/HoM92/	Horváth, Péter; Mayer, Reinhold:	Prozeßkostenrechnung - Der neue Weg zu mehr Kostentransparenz und wirkungsvolleren Unternehmensstrategien. In: Controlling 1 (1992) Nr. 4, S. 214-219.
/HuF85/	Hubka, Vladimir; Ferreirinha, Pedro:	Rechnergestütze Vorkalkulation im Maschinenbau. In: Schweizer Maschinenmarkt (1985) Nr. 6, S. 42-45, Nr. 8, S. 31-33 und Nr. 10, S. 26-29.
/IAB88/	Ishii, Kosuke; Adler, R.; Barkan, P.:	Application of Design Compatibility Analysis to Simultaneous Engineering. In: AI EDAM, Band 2 (1988), Nr.1, S.53-65.
/ISIS96/	N.N.:	ISIS Engieneering Report Edition 1996. Hrsg. v. Nomina Gesellschaft für Wirtschafts- und Verwaltungsregister. München: Nomina, 1996.
/Izu91/	Izuchukwu, John I.:	Intelligent Foundations for Product Design reduces Costs, Time-to-Market: Part1. In: Industrial Engineering July 1991, S. 29-34.
/JeT91/	Jeffocoate, Judith; Templeton, Alison:	Object Technology Sourcebook. London: Ovum Ltd., 1991.
/KFJ94/	Koch, Rainer; Fischer, Joachim; et al.:	Konstruktionsbegleitende Kalkulation auf Basis eines Prozeßkostenansatzes. In: Konstruktion 46 (1994) S. 427-423.
/Kie79/	Kiewert, Alfons:	Systematische Erarbeitung von Hilfsmitteln zur kostenarmen Konstruktion - Ein Beitrag zum methodischen Konstruieren. München, Technische Universität, Diss., 1979.
/Kie84/	Kiewert, Alfons:	Kurzkalkulationen und die Beurteilung ihrer Genauigkeit. In: VDI-Z 124 (1984) Nr. 12, S. 443-446.

/KKR92/ Krause, Frank-Lothar; Kramer, Stefan; Rieger, Erik: Featurebasierte Produktentwicklung. In: Zeitschrift für wirtschaftliche Fertigung 87 (1992) Nr. 5, S. 247-251.

/Kob92/ Kobe, Gerry: DFM Moduls. In: CAD CAM, May 1992.

/Kol85/ Koller, Rudolf: Konstruktionslehre für den Maschinenbau - Grundlagen des methodischen Konstruierens. Berlin u. a.: Springer-Verlag, 1985.

/Kra93/ Krallmann, Hermann: Concurrent Engineering als neues Erfolgsrezept? In: CIM-Management 2 (1993), S. 1.

/Kre85/ Kreisfeld, Peter: Kostenbestimmung mit CAD-Systemen für Rotationsteile. München: Hanser 1985. Zugl. Berlin: Technische Universität, Diss., 1985.

/KRT93/ Krause, Frank-Lothar; Rieger, Erik; Tittel, Frank: Strukturorientiertes Konstruieren. In: Zeitschrift für wirtschaftliche Fertigung 88 (1993) Nr. 5, S. 193-195.

/LHK92/ Lechner, Gisbert; Hirschmann, Karl-H.; Kaiser, H.: Konstruieren im Verbund von Expertensystem, CAD-System, Datenbank und Wiederholteilsuchsystem. In: VDI-Berichte 993.3, 1992, S. 143-158.

/Lin80/ Lindemann, Udo: Systemtechnische Betrachtung des Konstruktionsprozesses unter besonderer Berücksichtigung der Herstellkostenbeeinflußung beim Festlegen der Gestalt. Düsseldorf: VDI-Verlag, 1980. Zugl. München, Techn. Univ., Diss, 1980.

/LoS94/ Lotter, Bruno; Schilling, Werner: Manuelle Montage: Planung - Rationalisierung - Wirtschaftlichkeit. Düsseldorf: VDI-Verlag, 1994.

/Lot86/ Lotter, Bruno: Wirtschaftliche Montage - Ein Handbuch für Elektrogerätetechnik, Bau- und Feinwerktechnik. Düsseldorf: VDI Verlag, 1986.

/LyO93/ Lye, Sun-Woh; Ong, Nan-Sing: Computer Assisted Geometric Analysis of Components for Automatic Assembly. In: Integrated Manufacturing Systems 4 (1993), Nr. 2, S. 4-14.

/Mei92/ Meinecke, Christian: Konstruktionsgeleitende Kostenermittlung für industrielle Erzeugnisse im Rahmen einer computerintegrierten Produktion. Hannover, Universität, Diss., 1992.

/MiR93/ Milberg, Joachim; Romanow, Peter: Konstruktionsbegleitendes Kalkulieren von Werkzeugmaschinen. In: ZwF 88 (1993) Nr. 5, S. 197-200.

/MiT87/ Miyawaka, S.; Toshirjo, O.: The Hitachi assembly evaluation method (AEM). In: Int. Conf. Product Design for Assembly. Newport, RI, USA, 9 - 13 Aug. 1987.

/MOI90/	Miyakawa, S; Ohasi, T; Iwata, Minoru:	The Hitachi New Asseblability Evaluation Method. In: Transactions of the NAMRI of SME 1990, Pennsylvania State University, Pennsylvania, USA, 1990.
/MyS75/	Mymrine, Jurin; Sant, Knud:	Regressionsanalyse für die Kostenvorbestimmung beim Entwickeln neuer Produkte. In: VDI-Z 117 (1975) Nr.4, S. 165-167.
/NN75/	N.N.:	REFA-Methodenlehre des Arbeitsstudiums, Band 1 - 3. München: Carl Hanser Verlag, 1975.
/NN92/	N. N.:	MTM-Information. MTM-Software für die Zeitwirtschaft ANA/Zeba-Data. Informationsbroschüren der Deutschen MTM-Vereinigung E. V.. 1992
/PaB86/	Pahl, Gerhard; Beitz, Wolfgang:	Konstruktionslehre - Handbuch für Studium und Praxis. Berlin u. a.: Springer-Verlag, 1986.
/Pac80/	Pacyna, Heiko:	Einfluß der konstruktiven Gestaltung auf die Herstellkosten von Gußstücken. In: VDI-Berichte 362, 1980, S. 97-111.
/Pic89/	Pickel, Herbert:	Kostenmodelle als Hilfsmittel zum kostengünstigen Konstruieren. München: Hanser 1989. Zugl. München: Technische Universität, Diss., 1988.
/Rad82/	Radermacher, Werner:	Entwicklung eines Kosteninformationssytems für den Konstruktionsbereichs. Aachen. RWTH Aachen, Diss., 1982.
/ReR94/	Reinhart, Gunther; Romanow, Peter:	Konstruieren und Kalkulieren von Werkzeugmaschinen mit CAD. In: CAD ´94: Produktmodellierung und Prozeßdatenmodellierung als Grundlage neuer CAD-Systeme, 17.-18. März 1994, Paderborn, S. 463-476.
/Rod76/	Rodenacker, Georg:	Methodisches Konstruieren: Grundlagen, Methodik. Berlin u. a.: Springer-Verlag, 1976.
/Rol95/	Roller, Dieter:	CAD - Effiziente Anpassungs- und Variantenkonstruktion. Berlin u. a.: Springer-Verlag, 1995.
/Rom94/	Romanow, Peter:	Konstruktionsbegleitende Kalkulation von Werkzeugmaschinen. Berlin u. a.: Springer-Verlag, 1995. Zugl. München, Techn. Universität, Diss., 1994.
/Rot91/	Rothley, Jürgen:	Fertigungsgerechtes Konstruieren auf der Basis von technischen Formelementen am Beispiel der spanenden Formgebung. Karlsruhe, Universität, Diss., 1991.
/Rut85/	Rutz, Andreas:	Konstruieren als gedanklicher Prozeß. München: Technische Universität, Diss., 1985.
/Sal82/	Salwiczek, Peter:	Rechnerunterstützte Planung und Gestaltung manueller Arbeitsmethoden auf der Basis eines Systems vorbestimmter Zeiten. Düsseldorf: VDI-Verlag, 1982. Zugl. Dortmund, Universität, Diss., 1982.

/Schä91/ Schäfer, Günther: Integrierte Informationsverarbeitung in der Montageplanung.
München, Wien: Hanser, 1992.
Zugl.: Erlangen, Nürnberg: Univ., Diss., 1991.

/Scha92/ Schaal, Stefan: Integrierte Wissensverarbeitung mit CAD - Am Beispiel der konstruktionsbegleitenden Kalkulation.
München: Hanser 1992.
Zugl. München: Technische Universität, Diss., 1991

/SchB96/ Scheer, August-Wilh.; Bock, Richard: Integrierte Werkzeuge in der Produktentwicklung - Konzeption eines Rahmensysytms zur kosten- und qualitätsgerechten Konstruktion.
Köln: Dt. Wirtschaftsdienst, 1996.

/Schie94/ Schiebeler, Reinhard: Kostengünstig Konstruieren mit einer rechnergestützten Konstruktionsberatung.
Wien: Hanser-Verlag, 1994.
Zugl. München, Techn. Universität, Diss., 1994.

/Schl80/ Schlüter, Helmut: Verfahren zur Abschätzung der Werkzeugkosten bei der Konstruktion von Spritzgußteilen.
Aachen. RWTH Aachen, Diss., 1980.

/Schl89/ Schlaich, Gerd: Produktgestaltung am PC - Wie das Expertensystem Profi 2000 Fehler vermeiden hilft.
In: Roboter (1989) Nr. 5, S.26-28.

/Schm90/ Schmitz, Ulrich: Design for Assembly (DFA) und Assembility Evaluation Method (AEM) als Hilfsmittel für das montagegerechte Konstruieren.
In: VDI-Berichte 747, 1989, S. 55-62.

/SchmE95a/ Schmidt, Jürgen; Eitrich, Oliver: Entwicklungsbegleitende Vorkalkulation.
In: Konstruktion 47 (1995) S. 161-167.

/SchmE95b/ Schmidt, Jürgen; Eitrich, Oliver: Realistisch Kosten erfassen - schon in der Entwicklung - Kosteninformationssysteme helfen bei der entwicklungsbegleitenden Vorkalkulation.
In: TR Transfer (1995) Nr. 19, S. 26-29.

/SES93/ Steiner, Michael; Ehrlenspiel, Klaus; Schnitzlein, Werner: Erfahrungen mit der Einführung wissensbasierter Erweiterungen eines CAD-Systems zur konstruktionsbegleitenden Kalkulation.
In: VDI-Berichte 1079, 1993, S. 33-54.

/SHB95/ Scheer, August-Wilh.; Hirschmann, Petra; Berkau, Carsten: Kostenmanagement von Geschäftsprozessen.
In: io Management Zeitschrift 64 (1995) S. 90-94.

/Sin91/ Sinz, Elmar J.: Objektmodellierung betrieblicher Informationssysteme.
In: Objektorientierte Informationssysteme: IAO-Forum, 18. April 1991, Stuttgart/Hrsg. von H.-J. Bullinger.
Berlin u. a.: Springer, 1989, S.59-111.

/Ste94/	Steiner, Michael:	Design to Cost - Arbeitsergebnisse und Zusammenfassung Workshop D. In: Produktdatenmodellierung und Prozessmodellierung als Grundlage neuer CAD-Systeme: Fachtagung der Gesellschaft für Informatik, Paderborn, 17.+18.3.94; München; Wien: Hanser, 1994.
/Ste95/	Steiner, Michael:	Rechnerwerkzeuge zum Kostensenken in der Prozeßkette Entwicklung – Produktion. München: Hanser, 1995 Zugl. München: Technische Universität, Diss., 1995.
/STEP93/	N.N.:	International Organisation for Standardization; ISO 10303-214, Product Data Representation and Exchange-Part 214: Application Protocol Core Data for Automotive Mechanical Design Processes, Preliminary Version Part 214, 1993.
/StK92/	Sturges, R. H. jr.; Kilani, Mohammed I.:	Towards an integrated design for an assembly evaluation and reasoning system. In: Computer Aided Design 24 (1992) Nr. 2, S. 67-79.
/Swi83/	Swift, Ken G.:	A Computer-Based Design Consultation System. In: Assembly Automation (1983) Nr. 8, S.151-154.
/TEG94/	Taylor, G. Don; English, John R.; Graves, Robert J.:	Designing New Products: Compatability with Existing Production Facilities and Anticipated Product Mix. In: Integrated Manufacturing Systems 5 (1994) Nr. 4/5, S. 13-21.
/Tha93/	Thaler, Klaus:	Regelbasiertes Verfahren zur Montageablaufplanung in der Serienfertigung. Berlin u. a.: Springer-Verlag, 1993. Zugl. Stuttgart, Universität, Diss., 1993.
/Tho90/	Thoben, Klaus-Dieter:	CAD - Sparen durch Wiederhol-Konstruktionen. Düsseldorf: VDI-Verlag, 1990. Zugl.: Bremen, Universität, Diss., 1990.
/TMP81/	Tönshoff, Hans Kurt; Meyer, K.-D.; et al.:	DREKAL - System zur rechnerunterstützten Zeit- und Kostenkalkulation bei Rotationsteilen. Endbericht zum Forschungsvorhaben H-Toe/121. Karlsruhe: Kernforschungszentrum, 1981.
/TöH93/	Tönshoff, Hans Kurt; Hollemann, Christoph:	Objektorientiertes Ressourcendatenmanagement auf Basis aktiver, dynamischer Sachmerkmalleisten. In: VDI-Z 135 (1993) Nr. 1/2, S. 73-76.
/TSS89/	Takahashi, Katsuo; Suzuki, Isao; Suguro, Takao:	Producibility Evaluation Method. 10th International Conference on Assembly Automation: 23.-25.10.89, Kanazawa, Japan/ Hrsg. v. Y. Yokoyama. Bedford: Kempston, 1989, S. 139-147.
/VDI2212/	N.N.:	VDI-Richtlinie 2212 Systematisches Suchen und Optimieren konstruktiver Lösungen: Oktober 1981.

/VDI2221/	N.N.:	VDI-Richtlinie 2221 Methodik zum Entwickeln und Konstruieren technischer Systeme und Produkte: November 1986.
/VDI2222/	N.N.:	VDI-Richtlinie 2222 Konstruktionsmethodik - Konzipieren technischer Produkte: Mai 1977.
/VDI2225/	N.N.:	VDI-Richtlinie 2225 Konstruktionsmethodik - Technisch-Wirtschaftliches Konstruieren. April 1977.
/VDI2235/	N.N.:	VDI-Richtlinie 2235 Wirtschaftliche Entscheidungen beim Konstruieren - Methoden und Hilfen. Oktober 1987.
/Vil87/	Villers, Phillipe:	Introducing MCAE: Expert Tools for Engineering. In: Comp. in Mech. Eng. 11/12 (1987) S. 37-52.
/War92/	Warnecke, Günther (Hrsg.):	Expertensysteme in CIM. Berlin u. a.: Springer-Verlag, 1992.
/War93/	Warnecke, Hans-Jürgen:	Der Produktionsbetrieb 1 - Organisation, Produkt, Planung. Berlin u. a.: Springer-Verlag, 1993.
/WBH93/	Warnecke, Hans-Jürg.; Bullinger, Hans-Jörg; Hichert, Rolf:	Kostenrechnung für Ingenieure. München, Wien: Hanser 1993.
/Wie90/	Wierda, Leo S.:	Cost Information Tools for Designers. Delft, Techn. Univ., Diss, 1990.
/Wes96/	Westkämper, Engelbert; Burgstahler, Bernd; Korn, Guy	Machbarkeit und Controlling des Produktentstehungsprozesses. In: Industrie Management 12 (1996) Nr. 1, S. 32-36.
/Wit83/	Witte, Karl-Werner:	Voraussetzungen zur wirtschaftlichen Automatisierung in der Montage. In: VDI-Berichte 479, 1983, S.15-22.
/Wit89/	Witte, Karl-Werner:	Montagegerecht konstruieren - kostengünstig produzieren - IDEA-Teams schaffen Wettbewerbsvorteile. In: VDI-Berichte 747,1989, S. 95-123.
/Wöh86/	Wöhe, Günther:	Einführung in die allgemeine Betriebswirtschaftslehre. München: Vahlen 1986.
/Wol89/	Wolf, Ernst:	Software senkt Kosten. In: Montage (1989) Nr. 4, S. 31-34.
/Wol94/	Wolfram, Markus:	Featurebasiertes Konstruieren und Kalkulieren. München, Technische Universität, Diss., 1994.
/ZBW93/	Zülch, Gerd; Braun, Wolfgang-J.; Waldhier, Thomas:	Rechnerunterstützte Gestaltung manueller Arbeitsplätze - Einsatz des Expertensystems "EMMA". In: FB/IE 42 (1993) Nr. 2, S. 76-80.

10 Anhang

10.1 Begriffe und Definitionen

In dieser Arbeit sind folgende Begriffe von zentraler Bedeutung. Bei ihrem ersten Auftreten werden sie *kursiv* geschrieben.

Absolutkosten
Absolutkosten sind Kostenangaben in DM, bezogen auf eine Einheit (z. B. DM/kg; DM/m; DM/Stück). Der Vorteil ist die unmittelbare Verwendung zur Berechnung der Herstellkosten, der Nachteil die Unübersichtlichkeit /VDI2235/.

Baugruppe
Eine Baugruppe besteht aus Einzelteilen, die durch Montage zusammen gefügt wurden. Mehrere Baugruppen können ihrerseits (mit weiteren Einzelteilen) zu Produkten montiert werden. Das Vorhandensein von Baugruppen erfordert eine hierarchische Produktstruktur. Zur Unterscheidung der Hierarchiestufen werden Baugruppen niederer Hierarchie oftmals als Unterbaugruppen bezeichnet.

Einzelteil
Ein Einzelteil kann nicht zerstörungsfrei weiter zerlegt werden.

Feature
Mit dem Begriff Feature wird die Zusammenfassung von Geometrieelementen wie Kontur, Fläche, Volumen, Körper, Teil usw. und zugeordneten Attributen zum Zweck einer bestimmten technischen Anwendung auch in Verbindung mit Berechnungsprogrammen umschrieben /Abe90/.

Fertigung
Fertigung beinhaltet die Teilefertigung und Montage, sowie ggf. je nach Definition die Tätigkeiten der Arbeitsvorbereitung.

Fertigungskosten
Der Anteil LK und FGK der Herstellkosten wird als Fertigungskosten (FK) bezeichnet /VDI2225/. Somit ergeben sich die Fertigungskosten als Herstellkosten minus den Materialkosten.

Fügen
Fügen ist das auf Dauer angelegte Verbinden oder sonstige Zusammenbringen von zwei oder mehr Werkstücken geometrisch bestimmter Form oder von ebensolchen Werkstücken mit formlosem Stoff. Dabei wird jeweils der Zusammenhalt örtlich geschaffen und im ganzen vermehrt /DIN8593/.

Funktionskosten
Funktionskosten sind die für die Verwirklichung einer Funktion notwendigen Kosten /VDI2235/.

Herstellkosten
Herstellkosten (HK) sind Kosten, die bei der Erstellung von Kostenträgern im Material- und Fertigungsbereich anfallen oder angefallen sind; je nach betrieblicher Gegebenheit können auch Kosten anderer Bereiche (z. B. Konstruktion oder Entwicklung) in die Herstellkosten einbezogenen werden /DIN32990/.
Herstellkosten technischer Erzeugnisse setzen sich aus den Materialkosten, den Lohnkosten und den Fertigungsgemeinkosten zusammen /VDI2225/.

Herstellung
Die Herstellung umfaßt die Tätigkeiten, die zur Teilefertigung und Montage notwendig sind, sowie die direkt damit verknüpften Tätigkeiten der Arbeitsvorbereitung und Materialwirtschaft.

Konstruieren
Konstruieren heißt, für eine gestellte Aufgabe eine technisch möglichst vollkommene, wirtschaftlich günstige und ästhetisch befriedigende Lösung zu finden /VDI2225/.

Konstruktion
Unter Konstruktion wird sowohl der Prozeß des Konstruierens (Planen, Konzipieren, Entwerfen und Ausarbeiten) verstanden als auch eine organisatorische Einheit, die mit diesen Aufgaben vertraut ist.

Kosten
Kosten sind der bewertete "Verzehr" an Gütern (Materialverbrauch, Abschreibungen usw.) und Dienstleistungen (Löhne, Sozialkosten usw.) zu Erstellung und zum Absatz der betrieblichen Erzeugnisse und zur Aufrechterhaltung der Betreibsbereitschaft /WBH93/.

Lohnkosten
Die Lohnkosten eines Erzeugnisses ergeben sich unter Vernachlässigung der Rüstzeit aus den Lohnkosten zur Teilefertigung und den Lohnkosten für Montage /VDI2225/.

Materialkosten
Materialkosten sind im Zusammenhang mit dem Verbrauch von Material anfallende oder angefallene Kosten. Sie können in Materialeinzelkosten und Materialgemeinkosten unterteilt werden /DIN32990/.

Montage
Die Montage umfaßt die Gesamtheit aller Vorgänge, die dem Zusammenbau von geometrisch bestimmten Körpern dienen. Montieren ist immer eine Folge von Vor-

gängen und umfaßt neben dem zentralen Fügen auch die Vorgänge des Zubringens, Kontrollierens und Justierens sowie Hilfsfunktionen wie Reinigen und Entgraten /Lot86/.

Montagekosten
Montagekosten sind im Zusammmenhang mit den Montageprozessen anfallende oder angefallene Kosten. Sie können in Montageeinzelkosten und Montagegemeinkosten unterteilt werden.

Produkt
Ein Produkt besteht aus Baugruppen und Einzelteilen und wird als solches verkauft.

Relativkosten
Relativkosten sind auf eine oder mehrere Bezugsgrößen bezogene Kosten eines Kalkulationsobjekts relativiert auf die in gleicher Weise bezogenen Kosten eines Vergleichobjekts /DIN 32990/.

Selbstkosten
Selbstkosten sind sämtliche bei der Erstellung eines Kostenträgers im Unternehmen anfallende oder angefallene und diesem Kostenträger zugerechnete Kosten. /DIN32990/.

Vorkalkulation
Die Vorkalkulation ist eine Kalkulation, die für Planungszwecke vor Erstellung der betreffenden Kostenträger durchgeführt wird /DIN32990/. Die Vorkalkulation dient der Entscheidungsfindung. Das zu diesem Zeitpunkt oft unbekannte Mengengerüst (z. B. Materialarten, -mengen, Zeiten, auf die sich die Kosten im Einzelfall beziehen) wird gewonnen aus Vergleichsunterlagen, Zeichnunge, Stücklisten, Arbeitsplänen usw. /DIN32992/.

10.2 Charakteristika objektorientierter Systeme, HyperWork

Die Charakteristika objektorientierter Systeme sind noch nicht einheitlich definiert, folgende Elemente sind jedoch als Basis des gemeinsamen Verständnisses allgemein akzeptiert /JeT91, EnU92/:
Modularisierung: Die reale Welt, die nach objektorientiertem Verständnis aus kommunizierenden Objekten besteht, soll in eindeutige Strukturen abgebildet werden. Grundlage dieser Strukturen sind Objekte, die im wesentlichen aus Informationen in Form von Daten und Attributen sowie aus Methoden bestehen, die bestimmte Operationen mit den Daten ausführen können. Objekte haben einen eindeutigen Namen (Objektidentität) und sind dadurch identifizierbar.
Klassen: Objekte, die ähnliche Eigenschaften im Verhalten (der Reaktion auf Nachrichten) und in ihrer inneren Datenstruktur haben, werden in Klassen zusammenge-

faßt. Im engeren Sinne ist eine Klasse ein Objekt, das die Definition aller Daten und Methoden der zugehörigen Objekte enthält.

Vererbung: Vererbung bietet die Möglichkeit, Methoden und Attribute von Klassen an andere Objekte weiterzugeben, ohne dieses jedesmal vollständig neu definieren zu müssen. Auf Basis dieser Vererbungsstruktur können (bei einfacher Vererbung) Klassen in einer Baumhierarchie angeordnet werden. Teilklassen erben die Eigenschaften von Oberklassen. Können Objekte von mehreren Klassen erben, liegt multiple Vererbung vor.

Polymorphismus: In der realen Welt reagieren Objekte auf gleiche Nachrichten in unterschiedlicher Weise. Im objektorientierten Verständnis bedeutet dies, daß eine Nachricht je nach Objekt und vorhandenen Methoden unterschiedliche Auswirkungen haben kann.

Datenkapselung: Die Nutzung von Objekten kann ohne Kenntnis der inneren Strukturen erfolgen. Denn Objekte führen selbständig Methoden aus und ändern ggf. ihren inneren Zustand, ohne daß der Anwender die inneren Abläufe kennen müßte. Mit diesem Prinzip werden Nachrichten von Objekten versandt und von den empfangenden Objekten mit den dort spezifizierten Methoden reagiert.

Ein objektorientiertes Datenbank-Management-System (OODBMS) ist ein Datenbanksystem dessen Datenmodell objektorientiert strukturiert ist. Die genaue Definition ist ebenfalls noch umstritten, jedoch werden die 13 "goldenen Regeln" von Atkinson et al. /Atk89/ großteils akzeptiert. Diese beinhalten zu den obigen Begriffen der objektorientierten Programmierung noch folgende Definitionen:

Objekt-Identität: Objekte behalten ihre Identität solange sie existieren, die Identitätskennung ist eindeutig.

Komplexität: Ein Objekt kann aus verschiedenen Teilen, auch aus anderen Objekten zusammengesetzt sein.

Kapselung: Der interne Zustand eines Objekts ist nur durch die für seine Klasse definierten Methoden veränderbar. Die Implementationsdetails sind nicht nach außen sichtbar.

Spätes Binden: Methodennamen können für verschiedene Implementationen in verschiedenen Klassen verwendet werden, und es wird erst zur Laufzeit die Methode an den Methodennamen gebunden.

Sprachvollständigkeit: Die Anfragesprache hat die Mächtigkeit einer Programmiersprache.

Erweiterbarkeit: Der Anwender kann die Datenbank nach seinen Anforderungen mit Objekten und Methoden erweitern.

Persistente Datenhaltung: Datenobjekte werden nach Beenden einer Sitzung noch erhalten.

Sekundärspeicher-Verwaltung: Zugriff auf Daten der Sekundärspeicher (z. B. Festplatte) wird durch das OODBMS effizient ermöglicht.

Concurrency Control: Bei parallelem Zugriff mehrerer Benutzer auf die gleichen Daten ist die Konsistenz der Daten sichergestellt.

Recovery: Bei Hard- und Software-Fehlern ist das System in der Lage, wieder einen konsistenten Zugriff zu erreichen.
Ad-Hoc-Anfragen: Auf die Daten der OODB kann in einfacher Weise, meist durch eine Abfragesprache, zugegriffen werden.
Darüber hinaus gibt es weitere optionale Eigenschaften von denen hier nur die multiple Vererbung erwähnt werden soll. Dabei können Klassen von mehreren Oberklassen Eigenschaften erben.

HyperWork hat darüberhinaus durch seine Architektur (siehe Bild 34, S. 45) einige weitere Eigenschaften und Schnittstellen, die hier kurz vorgestellt werden:
Der **HyperWork Kernel** ist der Teil der internen HyperWork-Struktur, der die Aktionssequenzen abarbeitet. Er besteht aus dem Initialisierer (Herstellung der Verbindung Client/Server, Startobjekt einladen), dem Objektmanager (Objektverwaltung), dem Eventmanager (Verbindung zur Benutzeroberfläche) und dem Aktionsinterpreter (Ausführen der benutzerdefinierten Aktionen). Der HyperWork Kernel besteht aus ca. 40 000 Programmzeilen ANSI-C und sichert dadurch die einfache Portierung zwischen unterschiedlichen Hardwareplattformen. Das gesamte Datenbanksystem basiert auf diesem Kernel, der 550 grundlegende Objekte definiert, die die weiteren benutzerspezifischen Anwendungen und Daten als Basis verwenden. So werden z. B. die folgenden Anwendungsobjekte innerhalb des **Objekt-Server,** der durch objektbezogene Indexierung und Speicherbelegungstabellen die Grundlage für die Objektverwaltung in HyperWork darstellt, angeboten:

- Der **Development Interface Builder** dient zur Entwicklung von Anwendungen, die in heterogener Client/Server-Umgebung entwickelt und ohne Änderungen auf verschiedenen Betriebssystemen verteilt ausgeführt werden.
- Mit dem **Multi Language Support Tool** lassen sich vor allem für multinationale Unternehmen mehrsprachige Anwendungen entwickeln.
- Das **Object Quality Assurance Tool** dient zur Fehlerprotokollierung und -statistik von HyperWork-Anwendungen sowie zur Analyse von selbstentwickelten Objekten auf Komplexität, Fehleranfälligkeit und Wartbarkeit.
- Das **Schriftgutverwaltungs-Tool** ist eine Software-Lösung zur Organisation und Bearbeitung großer Mengen von Schriftstücken.
- Mit dem **Fulltext Retrieval Tool** lassen sich Volltext-Suchen im Datenpool durchführen.
- Das **Object Oriented Analysis Tool** dient zur objektorientierten Analyse einer Unternehmung für einen ausgewählten Geschäftsbereich, mit dem Ziel globale und spezielle Sichtweisen auf ein Unternehmensmodell bereitzustellen.

Die **Client Ausführung von Objekten** läuft auf der Workstation des Benutzers. Das **Benutzerinterface** analysiert ein darzustellendes Objekt auf seine geometrische Struktur und stellt es dementsprechend auf dem Bildschirm dar.

Folgende Schnittstellen sind in HyperWork implementiert:

- **API** (Application Programming Interface) bezeichnet eine Anwendungsprogrammierer-Schnittstelle aus festgelegten Funktionen, Typen und Konstanten, die mit einer entsprechenden Programmiersprache angesprochen werden können.
- **SQL** (Structured Query Language) ist eine International normierte Datenbanksprache zur Definition und Manipulation von Daten in Datenbanken.
- **APPC** (Advanced program-to-program communications) wurde von IBM zur Kommunikation zwischen verteilten Programmprozessen (transaction programs) entwickelt. APPC bildet die Grundlage zum Aufbau von Client/Server-Strukturen bzw. verteilten Anwendungen.
- **CORBA** (Common Object Request Broker Architecture) ist eine von einem Firmenkonsortium entwickelte Referenzarchitektur für verteilte, objektorientierte Systeme mit dem Schwerpunkt auf der Interoperabilität, Wiederverwendbarkeit und Portabilität von Software-Komponenten.

Damit ist HyperWork mit verschiedenen Schnittstellen, je nach Anforderung, in bestehende DV-Strukturen zu integrieren.

10.3 Weitere Bildschirmmasken

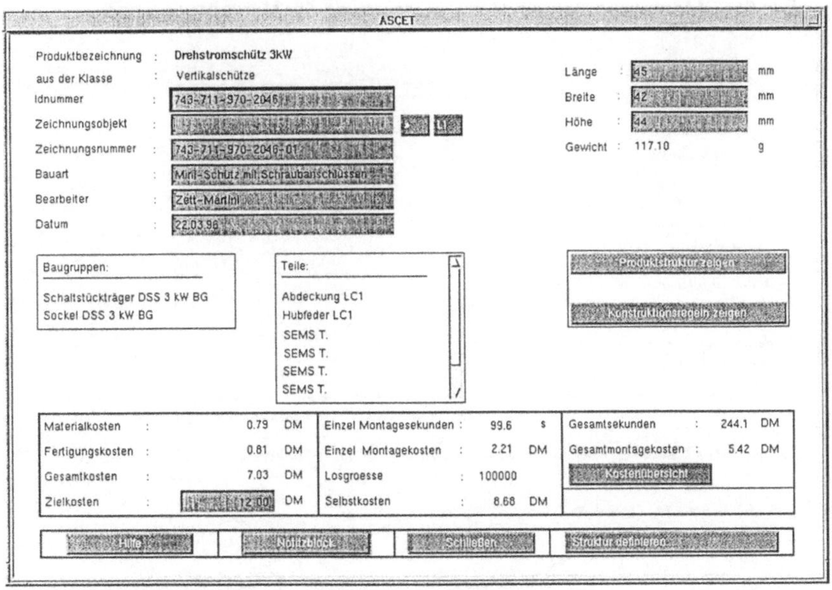

Bild 60: Die Stammdaten eines Produkts in der Objektansicht

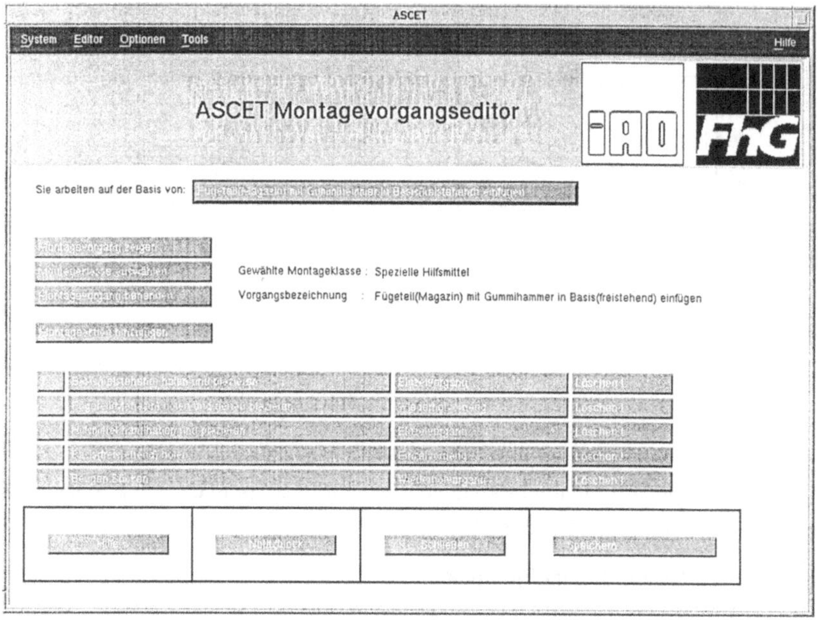

Bild 61: Montagevorgangseditor zur Ergänzung der Montagevorgänge

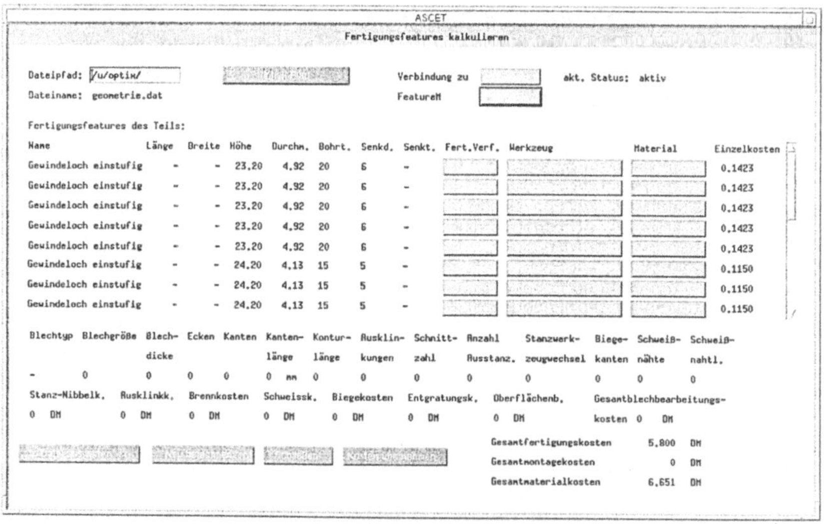

Bild 62: Featureauswahl aus Gesamtfeatureliste

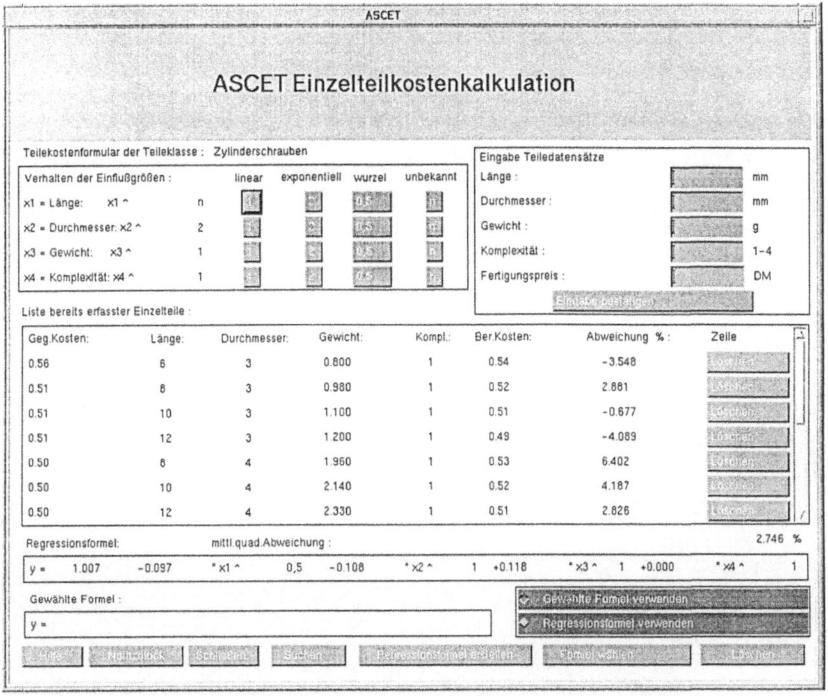

Bild 63: Anwendungsoberfläche der Teilefertigungskostenkalkulation

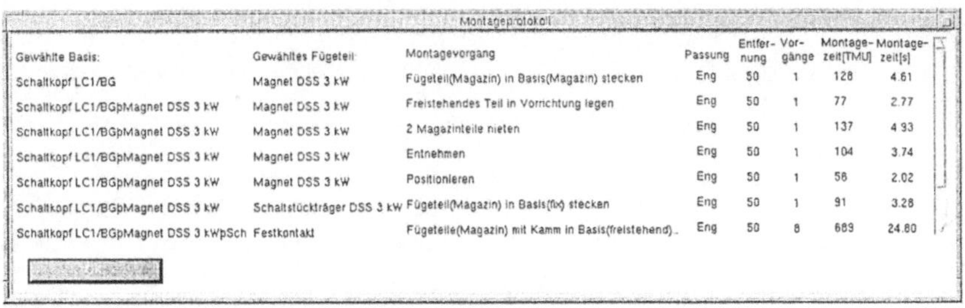

Bild 64: Informationsinhalt eines Montageprotokolls

GPSR Compliance

The European Union's (EU) General Product Safety Regulation (GPSR) is a set of rules that requires consumer products to be safe and our obligations to ensure this.

If you have any concerns about our products, you can contact us on ProductSafety@springernature.com

In case Publisher is established outside the EU, the EU authorized representative is:

Springer Nature Customer Service Center GmbH
Europaplatz 3
69115 Heidelberg, Germany

Batch number: 10682421

Printed by Printforce, the Netherlands